기후변화 인문학

조 재 원 지음

도서출판 동화기술

머리말

4년 전 까디스라는 남서부 해안도시, 발데라그라나 해변에서 일 년간 지낼 기회가 있었다. 매일 해변을 걸었고 낮에는 구름을, 밤이면 쏟아질 듯한 별을 볼 수 있었다. 구름의 모양, 움직임, 바람의 방향은 그날의 일기예보 역할을 해 주었다. 임대한 아파트에는 냉난방 시설이 없어 여름은 더운 대로 겨울은 추운 대로 온전히 몸으로 견뎌야 했다. 스페인에는 우리의 겨울과 여름처럼 혹독한 추위와 더위가 없어 견딜 만 했지만 여전히 추울 땐 추웠고 더울 땐 더웠다. 집 앞 과일가게의 과일들은 인근 시골에서 재배되어 바로 수확한 것들이 대부분이었다. 많이 수확된 날은 과일값이 저렴했고 수확이 좋지 않을 땐 가격이 놀라게 뛰었다. 친절한 과일가게 아저씨는 내가 골라놓은 과일을 진열대로 가져다 놓고는 저렴하고 싱싱한 과일을 나의 동의 없이 바구니에 넣어주시곤 하였다. 스페인에서의 생활은 날씨와 하나였고 먹는 것 또한 지역과 둘이 아니었다. 레반떼라는 동풍이 부는 날은 온 동네 사람들이 우울해 했고 햇빛 화사한 날에는 모두들 웃는 낯으로 카페에서 쾌적함을 즐겼다. 도시에 살아 아무리 추워도 춥지 않고 더워도 덥지 않은 생활을 한 나에게는 새로운 경험이었다. 처음 한 달간은 한국이 그리웠고 생활이 불편했다. 한 달쯤 지나자 몸과 마음이 조금씩 바뀌는 것을 느꼈다. 그들처럼 자연스럽게 레반떼를 싫어하게 되고 따뜻한 햇볕을 피하지 않고 그대로 받아들이게 되었다. 먹고 싶은 과일보다는 그날 수확된 과일을 스페인 사람들처럼 당연하게 먹게 되었다. 이때쯤 나는 무언가에 홀린 듯이 평생 숙원사업(?)이었던 칸트의 순수이성비판 영문판을 읽기 시작했다. 그리고 기적처럼 읽어냈다. 내친 김에 헤겔의 미학을 읽었고 스키너의 행동주의도 읽었다.

스페인에서의 몸과 마음의 경험을 나는 학생들과 나누고 싶어졌다. 그래서 선택한 것이 기후변화라는 주제였다. 환경공학을 전공하였지만 기후변화에는 문외한인 사람이 이 주제를 선택한 것은 우연이었다. 연세대학교 공대생들을 위한 교양과목으로 기후변화를 선택했고 스페인 경험 이후 공부하고 정리해오던 인문학을 접목해서 3학기 동안 강의한 것이다. 첫 학기 학생들은 당혹해 하는 기색이 역력했다. 한 학기가 끝난 후 학생들의 반응은 갈렸었다. 두 번째, 세 번째 학기를 진행하면서 학생들은 기후변화 인문학이라는 과목에 관심을 가지지 시작했는데 그들의 반응 때문에 나는 책을 펴낼 용기를 가질 수 있었다. 인문학의 기본이 부족한 사람으로서 걱정이 크지만 독자와 같이 고민한다는 생각으로 용기를 내어 보았다. 1년 반 동안 논어, 맹자, 대학, 중용의 깊은 의미를 조금이나마 깨닫게 해 주신 연세대학교 철학과 이광호 교수님이 아니었다면 불가능한 작업이었다. 또한 3학기 동안 모자란 기후변화 인문학 강의를 열심히 들어주고 수업에 참여해 준 학생들, 무모한 도전을 흔쾌히 허락해 주신 서철종 상무님이 아니었다면 책은 아마 빛을 보지 못했을 것이다.

끝으로 모자란 책이지만 이 책을 읽게 될 중·고등학생, 대학생, 주부를 포함한 일반인들이 기후변화를 자연과학이 아닌 다른 시각에서 바라볼 수 있게 되길, 그리고 인문학을 전공하지 않은 사람들도 즐길 수 있는 것이라 믿게 되길 기대한다. 독자 여러분의 많은 질책과 조언을 또한 부탁한다.

목차

들어가는 글

기후변화 이슈(이후 기후변화라 표현함)는 기후가 다른 이유로 변화하는 것이 아니라 인간의 활동이 그 이유가 되어 기후가 변화하고 있다는 전제를 가진다. 기후변화문제가 세계적인 이슈임에 틀림없지만 이 시대 한국에 살고 있는 우리에게 어떤 의미가 있을까? 우리나라는 미국, 중국, 유럽연합(EU) 등의 국가들 못지않게 정치, 경제 등 많은 분야에서 큰 역할을 하고 있다고 우리뿐만 아니라 세계도 그렇게 평가한다. 그럼 나라 안으로 들어와 기후변화 문제를 국내에서 주도적으로 해결하려고 노력하는 사람은 과연 얼마나 될까? 중요성은 많이 언급되지만 이에 비해 해결하려는 구체적인 노력은 아쉽게도 그리 많지 않은 듯하다. 비단 기후변화라는 이슈 외에 다른 문제들도 그러할 것이라고 생각한다. 우리들에게 성큼 다가온 듯한 통일에 대해서도 그렇다. 정책, 추진 방향, 시나리오, 철학 등을 정치가 혹은 정책 입안자들이 만들어 놓으면 많은 일반 사람들은 잘 훈련된 집행자의 역할을 하면 된다는 분위기이다. 이 책은 이런 분위기에 대한 강한 반감 혹은 반성을 하면서 시작하게 되었다. 4년 혹은 5년에 한 번씩 투표하는 것만으로는 민주주의가 제대로 가동될 수 없는 것과 같은 맥락이다. 통일된 조국에서 그리고 통일을 준비하는 과정에서 엄청난 양의 일을 해야 하는 것은 일반 시민, 즉 국민인데, 정치하는 사람들이 만들어 놓은 가이드라인을 단순히 따르는 것에만 만족한다면, 우리는 영원히 주변인을 면하기 어려울지 모른다. 물론 주변인으로서의 지식인은 에드워드 사이드(Edward W. Said, 1935~2003)의 '망명 지식인'으로서의 날카로운 시각을 연상시키기는 하지만, 능동적 주변인으로서의 지식인과 자발적으로 포기해 버린 주변인은 엄연히 다르다.

세상에 내놓을 수 있는 지식인의 가장 큰 가치는 무엇이라고 생각하는가? 우리는 지식인으로서, 때로는 전문가가 되어 이 시대를 살아내고 있다. 각자 모두 다르겠지만, 우리는 끊임없이 무엇인가를 통해 사회를 위해 기여해야 한다. 그러지 않으면 가장 먼저 문제가 생기는 것은 우리 자신이기 때문이다. 다시 말해, 의무이기 이전에 반드시 그렇게 하지 않으면(즉, 사회에 기여하지 않으면) 삶의 의미를 갖기 어렵기 때문이다. 2014년 독립영화로 상영된 '꾸뻬씨의 행복여행'에서 주인공 헥터는 그의 행복여행을 마친 후, 우리가 행복해지는 것은 우리의 의무라는 것을 깨닫는다. 중요한 것은 행복은 이미 행복한 것을 아는 것도 아니고, 행복해지기 위해 노력해야 하는 것도 아닌, 행복해져야만 하는 의무라는 것이다. 즉, 우리는 사회에 각자의 역할을 통해 기여해야만 하는 의무를 가진다. 칸트, 쇼펜하우어 등을 포함한 많은 철학자들은 우리 자신으로부터 세상을 향해 내놓는 모든 것을 '표상(representation)'이라고 얘기하였다. 표상을 너무 어렵게만 생각하지 않았으면 한다. 우리의 내면으로부터 우리의 피부 표면 밖으로 내어 놓는 모든 표현이 표상이다. '표'는 표면이고, '상'은 이미지이므로 우리의 감성적, 직관적, 이성적 표현을 모두 표상이라고 생각한다. 예술가는 미학적 표상을 세상에 내어놓으면서 그들의 역할을 하며, 철학자는 세상의 패러다임, 이데올로기 등을 내어놓고 기여 혹은 영향을 주려고 노력한다. 주부는 그 무엇보다 중요한 가사노동과 자녀교육 등을 통해 주부의 표상을 사회에 제공하고 있는 것이다. 공학 지식인의 예를 좀 더 자세히 들어보겠다. 왜냐하면, 공학자가 이해할 수 있는 철학과 자연과학은 일반인 혹은 일반 학생들도 관심만 있다면 이해할 수 있다고 믿기 때문이다. 공학자를 우리는 소위 기술쟁이, 기술마스터로서 알고 있다. 공학의 가장 큰 특징은 '인간, 사람'이라는 가치가 공학적 기술 혹은 가치와 분리되어 있지 않다는 것이다. 4대강, 원자력발전 등의 이슈를 예로 들어보면 쉽게 이해가 된다. 자연과학자들은 이 말에 화를 낼 수도 있지만 필자가 이해하는 학문적 특성이 그렇다는 것이다. 자연과학에도 당연히 과학윤리를 통한 인간과의 관계가 어느 정도 있지만, 공학은 그 태생적 출발에서부터 인간이라는 변수를 안고 있다는 점을 강조하여 본다면 인간과 분리된 기술, 가치 구현, 표상은 공학이 아니라는 것이다. 즉, 사회의 엔진(engine)인 공학을 만들어 사회에 철학자의 세상이 아닌 공학자의 세상을 보여주는 것이고, 이것이 공학 지식인의 표상이라는 것이다. 모든 분야에는 그 분야 나름의 표상이 이렇듯 존재한다. 이런 표상이 없다면 직장인으로서, 노동자로서, 주부로서, 학생으로서 사회 조직 속의 성실한 부속품 그 이상은 아니게 되어 버린다. 그렇게 평생을 지내도 나와 나의 가족만 행복하면 되지 않느냐고 반문한다면 필자도 다른 답이 없지만, 언젠가 여러분 마음 한가운데서 사회구성원 역할에 대한 진지한 의문이 들기 시작하면 여러분은 그 반향을 감당해내지 못할 수도 있다.

이 책을 읽는 분들에게 한 가지 양해를 구할 것이 있다. 필자는 철학, 심리학, 자연과학을 전공한 전문가가 아니라는 것이다. 하지만 철학, 심리학, 자연과학, 세계 경제 등을 얘기하지 않고는 기후변화 시대를 토론하기 힘들다. 자연과학자가 기후변화를 강의한다면 담아낼 수 있는 부분이 따로 있을 것이며, 심리학자가 강의한다면 그 또한 다른 부분이 있을 것이다. 하지만 필자와 같은 공학자가 기후변화를 얘기한다면 어떻게 표현할 수 있을 것인가 진지하게 고민한 후에 얻은 결론은 큰 기계의 부속품으로서의 전문가 혹은 지식인이 되기를 강력하게 반발하는 것으로부터 출발해야 한다는 것이다. 그러기 위해서 필자는 칸트, 괴테, 아인슈타인, 러셀, 막스베버 등의 생각과 사상을 읽고 공부해서 이해한 바를 가져와야 했다. 우리가 한 사람을 이해하는 방법에는 여러 가지가 있다. 만약 칸트철학을 전공학 박사가 있다고 가정하더라도, 칸트의 모든 것을 알고 이해하는 것은 쉽지 않다. 칸트의 대표적인 사상이 존재한다고 하더라도 그의 특정 저술에서는 전혀 다른 생각과 사상이 있을 수 있으므로 칸트철학을 인터넷 구글에서 정의하듯 한두 마디로 요약해 낼 수는 없다. 예를 들면, 데카르트가 말년에 저술한 '정념(Passion)'이라는 책에서 "나는 생각한다. 고로 존재한다."라는 말과는 전혀 다른 데카르트의 생각을 만나볼 수 있다. 즉, 여러분에게 양해를 구하면서 출발하고 싶은 것이 하나 있다면 필자가 여러 사상가, 학자들을 인용한다고 하여 그의 대표적인 사상을 얘기하는 것은 아닐 수도 있다는 점이다. 필자가 읽은 그 학자의 특정한 책의 특정 사상을, 나라는 사람을 통해 여과시켜 나온 생각을 이용하고 있기 때문에 여러분께 양해를 구한다는 것이다. 2차대전 이후 재개된 하이데거의 마지막 강의에서 사유(thinking)라는 주제를 가져와 필자가 수업을 진행하였는데 한 학생이 하이데거의 친나치 전력을 언급하였다. 참 어려운 부분이다. 하이데거의 친 나치

전력은 말할 나위 없이 비판받아야 하고, 최근 르몽드지에서는 하이데거가 좀 더 책임 있게 벌을 받았어야 한다는 얘기도 실렸다. 필자도 전적으로 동의한다. 잘못된 전력, 책임을 져야하는 일들이 응당 받아야 할 사회적 혹은 법적인 처벌 없이 그냥 넘어갔을 때 어떤 깊은 상처가 남는지 우리는 이미 많은 경험들을 하고 있기 때문이다. 다만 필자가 하고 싶은 얘기와 이해를 구하고자 하는 것은, 하이데거라는 철학자의 전체 사상을 연구하는 것이 아니라 하이데거 철학의 한 부분을 통해 우리의 주제를 토의해보고 싶었다는 점이다. 왜냐하면 그 특정부분에 한해서는 하이데거 이상으로 예리하고도 명쾌하게 해석을 한 사람이 필자가 알기로는 없었기 때문에, 이러한 것들을 우리가 살고 있는 지금 현재에 가져와 보고 싶었다는 뜻이다. 보수와 진보가 큰 자리를 잡아버린 지금 우리 사회에서 특정 사안에 대한 토의를 진행하는 것이 사실상 불가능해 보이기 때문에 일반인으로서는 더더욱 이해하기 힘든 일들이 많다. 만약 스스로 생각하기에 잘못되었다고 판단하는 모든 사상과 그 사상을 가진 사람들을 배제한다면 그런 세상이야말로 정말 지옥이 아닐까 한다. 이러한 점을 여러분이 이 책 속에서 여러 차례 만날 수도 있는데 이에 대한 양해를 부탁드린다. 2012년, 2013년 한국은 지젝이라는 철학자의 열풍이 불었다. 지젝에 대한 관심은 지식인뿐만 아니라 일반인에게도 여전히 높다. 그만큼 현재 한국은 뻥 뚫린 가슴으로 살아가야 하는 시대 속 한 곳이기 때문이다. 지젝의 바람이 가라앉기도 전에 이번에는 프랑스 경제학자 토마 피케티의 광풍이 2014년 한국을 강타하였다. 이는 분배라는 문제를 경제학 역사 속으로 가지고 와 일반인도 쉽게 이해할 수 있는 통계 숫자를 우리에게 보여주고 있기 때문일 것이다. 이렇듯, 기후변화 시대를 살아가고 있는 우리에게 이데올로기 혹은 과학 혹은 경제학은 무엇인지 우리는 고민해 볼 것이다. 시대의 여러 어려움에도 불구하고 우리 시대, 우리 사회를 지배하는 이데올로기, 패러다임 속에서 지식인 혹은 배우는 사람으로서의 예리한 비판을 가져보자는, 아니 가져야 한다는 것이다. 지식인은 이제는 할 수 있다가 아니라 원래 지식인은 그렇게 해왔어야 하는데 하지 못했으니(혹은 하지 않았으니) 지금부터라도 하자는 것이다. 새만금이 그랬고 4대강이 그랬다. 기후변화도 그럴 것이란 뜻이다. 사회의 문제를 바라보는 시각을 180도, 아니 30도, 20도 만이라도 돌려 볼 수 있는 유연함을 이제는 우리가 가져보자는 것이다. 이것은 거창한 변신이 아니라 원래 우리가 가지고 있었던 순수한 본성으로의 회귀이다.

기후변화 이슈의 해결을 위한 예술 미학적 시도 또한 이 책에서 다룰 것이다. 예술은 자연과학, 철학적 사유와 방법을 어느 정도 공유하는데 대상, 현상들에 대한 관찰로부터 과학, 철학, 예술이 공히 시작한다. 자연과학은 첨단측정기기 뿐만 아니라 예리한 인간의 감각이 필요하고 때로는 감성도 필요하다. 공학도 마찬가지로 예민한 감각이 필요한 학문분야이다. 이런 이유로 예술적 교양이 과학자, 공학자, 철학자 모두에게 필요한 것이다. 예술이나 철학하는 능력이 과학자나 공학자에게도 필요한 것은 최근의 사회적 문제가 과학과 연관되어 있기는 하지만 과학적 이론에 근거한 확정론적인 방법만으로는 해결되기 어렵기 때문이다. 대표적인 예가 기후변화, 지구온난화 이슈이다. 무수히 다양한 기후변화 가설들로 이루어진 현상들을 해결하기 위해서는 유연한 방법으로 접근해야 함에도 불구하고, 뉴턴식 확정론적 혹은 결정론적 방법으로만 대처한다면 실체를 정확하게 파악하지 못하는 실수를 범하게 되기 때문이다. 예술은 자연과학과는 다르게 하나의 세상(the World)을 재창조해낸다. 이를 위하여 자연과학 중에서도 고정된 법칙 대신에 인간의 세상을 창조해낼 수 있는 과학과, 기후변화 시대 지식인의 사명이 무엇인지 질문하는 과정이 우리에게는 필요하다.

언어도 지식인이라면 간과할 수 없는 주제이다. 기후변화를 이해하는 측면에서의 언어 자체도 다룰 것이지만, 국제화라는 명목으로 시행되고 있는 영어를 이용한 교육과 강의도 토론해 보았으면 한다. 영어로 이루어지는 강의, 논문, 토론이 많고 때로는 의무화되었지만, 잊지 않아야 하는 사실은 영어가 우리의 모국어가 아니라는 점이다. 우리가 매일 사용하는 단어 하나에도 민족, 국가의 역사, 가치관과 철학, 의도와 비전이 들어가 있다. 영어단어 하나하나가 우리의 단어와 일대일 변환될 수 있는 것도 아니며, 역사와 환경 속에 담긴 깊은 의미를 우리가 모두 이해하기도 힘들다. 하지만 우리는 영어를 사용하지 않고는 세계 속에서 역할을 해내기 힘든 시대를 살고 있다는 것 또한 간과할 수는 없다. 그럼 우리는 언어 자체를 공부하고 단어 하나하나의 이면에 놓여있는 의미를 어떻게 찾아갈 수 있을지, 우리의 가치와 영어 단어들의 의미를 어떻게 연결할 수 있을지, 고민해야 할 것이다. 또한 언어가 구조적 표현에 의존하는지 아니면 인간 행동과 보다 깊이 연결되어 있는지도 살펴보고 이를 토론하게 될 것이다. 그동안 대학 영어강의의 모범국가로 알려졌던 네덜란드에서도 영어강의 성공 뒤에 숨어 있었던 교육과 연구 문화적 소통 문제, 과학공동체의 다양한 문제가 부각되고 있다. 네덜란드의 경우가 영어강의를 지상목표로 하고 있는 우리의 대학교육을 돌아보는 계기를 제공했으면 한다.

동양 고전인 유학은 여러 면에서 우리의 생활, 문화 속에 깊이 박혀 있음에도 불구하고 공자 왈 맹자 왈 하는 고리타분한 학문으로 이해했다면 이번에 유학을 다르게 볼 수 있는 기회를 가져 보았으면 한다. 유학은 가치기준의 학문이고 대상적 객체보다는 주체를 중시한다. 즉 사람마다, 사회마다, 조직마다, 국가마다 다른 가치관, 다른 세상과 다른 진실을 가질 수 있다는 뜻이다. 세계화되면서도 첨예하게 대립되는 여러 가치를 우리는 일상 속에서 경험한다. 그러나 세계화가 곧 문화적 획일화를 의미하면 안 된다. 911테러를 통해 문화 획일화의 위험을 경험한 바 있다. 우리가 행하고 있는 많은 사업에는 예외 없이 다른 가치와 진실이 내포되어 있다. 기후변화에 대한 대응도 예외가 아니다. 이 문제를 자연과학적 방법으로만 바라보고 맹신할 때 다른 다양한 지식 혹은 진실의 힘은 사라지고 다름이라는 것에서 얻을 수 있는 장점도 함께 사라진다. 유학에서는 세상의 문제를 지식측면에서만 바라보지 않는다. 기후변화에 대응하는 우리는 그 노력을 '사업'으로 삼고 이를 우리의 생활 속으로 가져와야 하며, 그것이 유학의 가르침이다. 다름 아닌 '사업'을 통해서만 우리는 수양하기 때문이다. 맹자의 '하필왈리' 가르침을 통해 기후변화를 돈벌이로 생각한 우리의 일부 자세를 다시 돌아보고 제대로 이해한다면, 기후변화는 '정의'의 문제로, 동양 고전인 사서의 하나인 '대학'의 핵심사상인 '격물치지'로 바뀌게 될 것이다.

필자는 이 책이 지식을 전달하는 실력 있는 강사의 학원강의 교재는 아니었으면 한다. 실력은 없지만 고민하는 지식인이었으면 한다. 현대는 지식을 잔뜩 가진 소통 없는 지식인보다는 무지하더라도 소통 가능한 지식인이 필요한 시대이기 때문이다. 이것 또한 필자의 과한 욕심이기는 하다. 때론 무엇을 모르는지를 알기 위해 노력하는 학자의 모습을 선망하는 필자의 뜻이 여러분에게 전달되어 이루어지는 꿈을 꾸어보지 않은 것은 아니나, 그것은 지나친 욕심이라는 것을 잘 안다. 다만 제대로 공부하려면 어떻게 해야 하는지 최소한의 고민을 여러분과 함께 해보고 싶을 따름이다.

1. 시대, 세기 속에 존재하는 기후변화

우리는 우리가 할 수 있는 일과 하고 싶은 것이 달라 높고 큰 벽을 느낄 때, 즉 무지가 아닌 무능을 느낄 때 절망한다. 키에르케고르는 그의 '죽음에 이르는 병'이란 책에서 절망에 굴복하면 곧 죽음이라고 말하였다. 한 집안의 가장으로서 가족을 위해 할 수 있는 것에 한계를 느낄 때 그 가장은 절망한다. 사회 구성원으로서 기여하고 싶지만 그 기회가 주어지지 않으면 또한 절망한다. 절망은 이렇듯 두려운 존재이며 극복하기 힘든 그 무엇이지만 또한 극복하지 않으면 안 된다. 개인의 절망도 있고 사회 혹은 국가의 절망도 있을 것이다. 절망을 극복하는 2가지 방법이 있는데, 불가능한 일을 가능하게 만드는 것, 하면 된다고 외치면서 노력하는 것이 첫 번째이고, 그것이 정말 우리가 하고 싶은 것인가 다시 질문해 보는 것이 두 번째이다. 첫 번째 방법은 불가능한 이유를 찾아 그 원인을 분석하고 해결하는 해법을 얻는 차원에서 과학적 방법에 가깝고, 두 번째 방법을 우리는 철학과 가깝다고 판단한다. 어린 시절, 학창시절부터 어쩌면 첫 번째 방법만 있다고 믿고 살아왔는지도 모르고, 여전히 그렇게 믿고 있는지도 모른다. 비슷한 예가 또 있는데, 은퇴한 이후 노후를 대비하는 방법으로 역시 2가지 방법이 있다. 은퇴하기 이전의 씀씀이가 은퇴한 이후에도 이어질 수 있도록 연금을 마련하거나 충분한 저축을 하는 것이 첫 번째 방법이다. 두 번째 방법은 은퇴하기 이전에 젊은 시절처럼 돈을 그렇게 많이 쓰지 않을 수 있는 몸과 마음을 만드는 것이다. 기후변화도 이 예들과 비슷하다. 기후변화에 대해 우리가 할 수 있는 일과 하고 싶은 일이 다를 수 있다. 또한 기후변화 시대에 인류가 생존하기 위해서는 지금과 같이 풍족하게 에너지를 사용하기 위해 새로운 에너지원(예를 들면, 셰일가스 혹은 재생가능에너지)을 발견하든지, 아니면, 에너지를 덜 쓸 수 있는 삶이 가능하도록 만드는 것이다. 이것은 우리 사회가 안고 있는 숙제이고 우리 개개인의 선택이기도 하다. 현재 진행되고 있는 기후변화 논쟁은 기후변화 과학논쟁이 아니라 에너지를 둘러싼 그 무엇이 바뀌느냐, 나 자신이 바뀌어야 하느냐 하는 단순한 문제이기도 하다.

지금 우리는 어떤 시대, 어떤 세기를 살고 있을까? 기후변화라는 큰 세기적 문제에 대응하기 위해서는 우리가 어떤 시대를 살고 있는지 알아야 한다고 본다. 이 질문에 대답하기 위해서는 몇 가지 먼저 해결되어야 할 것들이 있다. 알랭 바디우의 질문처럼 '세기(century)'가 무엇인가 하는 것이다. 그러면 '시간'이란 개념이 무엇이냐는 질문으로 이어지며, 이는 다시 '개념'은 무엇인가로 연결되어 이는 애초 질문이 만만치가 않았음을 의미한다. 근원적 질문의 필요성 이외에 그러한 질문이 어떤 의미를 가지는지에 대한 의문도 가질 수 있다. 역사적, 철학적 의문 이전에 지금의 우리를 한 번 돌아보면 위 질문들의 가치를 발견할 수도 있는데, 지금 우리는 어떤 시대 혹은 세기를 살고 있는가 하는 질문이다. 지그문트 바우만은 '액체근대'라는 그의 책에서 이를 진지하게 묻고 답하는데 처절하리만큼 극단적으로 개인화된 사회를 얘기한다. 아테네의 광장에서처럼 공적인 가치를 위해 대화하고 서로 영향을 주고받았던 개인들은 어느덧 사라지고, 소통하지 않고 서로가 영향을 주고받지 않는, 공깃밥으로 만들어져 있으나 가볍게 불면 흩날리는 태국, 인도의 쌀밥과 같은 낱알로서의 개인을 의미한다. 실체(reality)는 있으나 존재(existence)는 없는, 즉 서로 이야기하고 언어를 교환하고 있으나 개인을 둘러싼 철벽을 넘지 못하는 스마트폰 식 카카오톡의 존재가 대표적인 예이다. 지하철을 빠져나온 개인은 아테네의 광장과도 같은 광화문 광장을, 서울시 버스환승센터를, 청계천 광장을 나오지만 서로 영향을 주고받으려는 아고라가 아니라 또 다른 개인공간으로 급히 이동한다. 무언가에 쫓기듯 빨리 벗어나야 하는 광장, 이것이 우리 시대의 특징이라는 것이다. 그렇게 빨리 벗어나서 도착하는 공간은 따뜻한 공간, 인간미가 존재하는 공간이 아니라 또 다른 이동을 위한 광장인데, 그렇다면 왜 그렇게 광장을 빨리 벗어나려 했는지 의심하게 된다. 즉, 차가운 광장 공간과 따뜻한 공간이 분리되어 있지 않은데 다들 왜 그렇게 빨리 이동하려 하는지 궁금해진다. 집에 가서 곧 방송되는 드라마를 보는 것은 '다시보기' 때문에 이유가 되기 힘들며, 가정에서도 끊임없이 스마트폰으로 누군가와 연결되어 있는데 굳이 각자의 집으로 빨리 가야했는지 의심스럽다. 약속을 정하고는 또 집밖으로 나온다. 친구와 만난 자리에서는 이번엔 가족과 스마트폰으로 연결한다. 어떻게 보면 스마트 폰으로 연결하기 위해 의미 없는 이동을 하는 것은 아닌가하는 의심이 갈 정도이다. 이런 개인들이 자신을 드러낼 수 있는 유일한 출구는 소비를 통한 정체성 확보라고 할 수 있다. 어떤 옷, 어떤 시계, 어떤 가방, 어떤 디자인의 운동화, 어떤 브랜드의 스마트폰으로 나를 표현하느냐가 개인화된 개인들의 정체성이 되었다. 갤럭시를 선호한다 혹은 아이폰을 선호한다는 것이 개인을 표현하는 기본이 되었고, 어떤 드라마와 예능프로를 즐겨보는지가 중요하며, 어떤 영화(헐리우드 영화, 독립영화)를 선호하는지, 어떤 감독의 다양성 영화를 좋아하는지를 얘기함으로써 개인의 정체성이 확보될 수 있는 시기를 살고 있다. 이런 것들이 개인의 정체성이 될 수 없다는 비판이 아니라 우리 시대 정체성의 특징은 이렇다는 것이다. 상품과 문화의 소비와 연결되었을 때만이 정체성도 확보되는 듯 보인다. 친구들과 만나서 주고받은 대화를 한 번 떠올려 보자. 직장에서는 직장동료들과 휴식시간, 점심시간 때 어떤 얘기들을 주고받을까? 소비와 연결된, 혹은 드라마, 예능, 영화 등과 같이 이미 만들어져 주제로 바로 이용될 수 있는 것들을 제외하고는 특별한 얘기의 소재가 없다. 심지어 사회이슈에 대해서도 비슷한 양상이 나타난다. 예민한 사회이슈도 토론할 수 있도록 누군가에 이해 이미 만들어진 논리들로 얘기된다. 토론의 단어, 토론 방식, 찬반 등이 이미 만들어져 미디어를 통해 제공된다. 즉, 일종의 소비의 형태로 만들어진 문화상품을 구입하여 소비한다. 사회의 지식인들의 대화를 듣고 그날 뉴스를 듣거나 신문을 보면 그날 대화에서 사용되었던 용어, 토론의 쟁점, 평가방식 등이 그대로 반복되고 있다는 것을 알 수 있다. 즉, 사람들은 자기가 선호하는 미디어 상품을 소비하고 있는 것이다. 소비구조로 형성되어 있는 사회 시스템 속에서 끊임없이 선호하는 상품을 소비함으로써 정체성을 확보한다고 믿는 개인화의 시대이다.

"우리는 그래서 문제야"라는 쉽고 진부한 결론으로 가려는 것은 결코 아니다. 대신 우리가 지금 어떤 모습을 가진 누구인가를 분석해 보려는 것이다. 누구와도 영향을 주고받지 않는, 설사 조금은 그렇다 하더라도 금세 개인으로 돌아가 버리는 우리는 어떤 존재인가라는 의심을 하는 것이다. 이 말은 우리가 누구인지 모르고 있고, 또 모른다는 사실 자체도 모르고 있을지도 모른다는 것을 뜻한다. 셜록홈즈 시리즈에서 악의 화신인 모리아티는 셜록의 또 다른 모습이라는 받아들이기 힘든 사실이 우리의 현실 뒤에 숨어있을지도 모른다. 하지만 우리는 이를 알아야 하는 시대를 살고 있다. 그러지 않으면 닥쳐올 시련의 파도가 감당하지 못할 진실을 파국의 모습으로 우리에게 가져올 수 있기 때문이다. 지금 우리의 모습을 존재(존재에 대해서는 좀 더 구체적으로 얘기할 것이다)의 형태로 알아야 하는 이유는, 그것을 알면 유리하기 때문이 아니라 모르면 위험할 수 있는 현실 때문이다. 안전하다고 믿고 있는 사회의 여러 시스템(복지, 연금 제도 등) 속에서 온실 화초와 같이 살아가다가 어느 날 갑자기 그 시스템을 벗어나게 됨으로써 느낄 수 있는 절망은 이 시대 개인들이 감당하기 힘들기 때문이다. 이 책의 주제인 기후변화 현상을 알아가기 이전에, 기후변화를 다루고 해결해야 할 우리 인간 개개인의 모습을 알아야 한다. 그런 연후에야 비로소 기후변화의 실체, 존재 등을 이해할 수 있고, 21세기를 막 시작한 우리에게 기후변화라는 것이 어떤 의미인지 온전히 알 수 있기 때문이다. 기후변화, 지구온난화가 아니면 새로운 과학, 공학기술 연구의 동기가 힘들어졌다고 하는 학자들도 있다. 자연과학, 공학뿐만 아니라 사회과학, 인문과학 분야에서도 기후변화 이슈는 화두가 된 지 오래되었다. 기후변화를 주제로 하는 학술학회, 정부 간 협의, 교육 분야 활동 등을 살펴보면 관련된 분야가 얼마나 다양한지 금방 알 수 있다. 새로운 세기는 자연과학, 공학과 사회인문과학을 합쳐야만 기후변화를 이해하는 시간과 공간을 가지고 있는 듯하다.

처음의 질문으로 돌아가 보면 우리가 이미 보낸 20세기는 실체(reality)의 시대였다. 19세기가 수많은 상징과 사상으로 점철된 시기였다면 20세기는 이를 실현(realization)하는 시기였다(『세기』, 알랭 바디우, 2014, 이학사). 그리고 맞이한 21세기는 철저하게 개인화된 시기이다. 여전히 끝임 없이 만들어지는 수많은 물건(도시, 건물, IT제품 등)이 있지만 개인은 더 이상 이를 실체로 의식하지 않는 듯 보인다. 수많은 실체가 끊임없이 생산되고 있지만 개인화 사회의 개인은 이를 의식하지 못하므로 더 이상 실체가 아닌지도 모르겠다. 이런 현상은 물건이라는 대상 뒤에 존재했었던 가치에 대한 믿음을 잃어버렸기 때문에 발생한다. 더 이상 이데올로기를 믿지 않든지 믿지 못하는 혹은 그런 것은 존재하지 않으며, 애당초 존재하지 않았다는 식의 생각을 가진다(『액체근대』, 지그문트 바우만, 2005, 강). 이러한 극단적 개인화와 무의미성은, 역설적으로 아직은 미미하지만 우리가 진리라고 믿고 있는 것과는 다른 의미에 대한 갈증으로 이어지기도 한다. 이를 단순하게 신비주의로 치부해 버리기에는 강력한 그 무엇이 있다. 갈릴레오가 믿었던 우주의 법칙, 뉴턴의 물리학 법칙, 아인슈타인의 이론이 적용되고 설명할 수 있는 세상 외의 그 어떤 세상이 우리에게 존재할 수 있다는 희미한 발견 혹은 의문이 이 시대에 본격적으로 시작되고 있다는 사실이다. 여전히 뉴턴의 법칙과 미적분학은 인공위성을 쏘아 올리는 과학 속에서 그 역할을 수행하고 있다. 하지만 인공위성을 바라보는 우리 인간 마음의 변화는 동일한 법칙과 나눔/합침(즉, 미적분학)으로 설명가능한가 질문해야 하는 시기가 되었다. 아무런 의심 없이 자연현상과 마음을 분리하다보면 견디기 힘들어진 시대를 살고 있다는 것이다. 인간 마음의 법칙 혹은 이론은 물질 현상과 다르다는 믿음에 근거한 철학이 지난 세기를 지배해왔다면 그렇지 않을 수도 있다는(물론 지난 세기에도 있었지만) 의심 혹은 발견이 부각되는 시대를 우리는 살고 있다. 갈릴레오의 우주론, 데카르트의 사상을 거치며 정신과 정신이 만든 생각은 서로 달라 둘(두 개의 다른 것)이라는 믿음이 지금까지 과학 혹은 철학적 사고로서 우리를 지배해왔다. 이런 이분법적 사고와 가치기준이 만들어놓은 시대는 이성의 시대도, 물질의 시대도 아닌, 철저한 개인화의 시대일 수밖에 없다는 '알랭 바디우'의 외침에 귀 기울이기 시작하였다. 이런 시대를 살아가기 위해서는 지금의 우리를 만든 것이 무엇이고, 우리의 인지와 사고의 출발이 어디에서 비롯되었는지를 알아야 한다. 그렇기 때문에 '칸트의 순수이성비판'은 일생에 걸쳐 읽어내야 할 책이 아니라 빨리 읽고 극복해야 하는 것이며, 데카르트와 러셀과는 다르게 정신과 사유의 결과물이 다르지 않음을 주장한 퇴계 이황, 괴테와 같은 선배 학자들에 귀 기울여야 하는 이유이다.

철저한 개인화의 시대, 무능, 무력감을 극복하기 위해 많은 멘토들은 꿈을 가지라고 한다. 그래서 그런지 많은 청소년, 대학생들이 꿈을 얘기한다. 꿈과 비전이, 아니 그러한 단어들이 우리를 둘러싸고 맴돌고 있다. 꿈이 없기 때문에 현대의 많은 문제들이 생겼고, 우리의 잠재력이 묻혀있고, 좌절하고 불행해 진다고 믿으면서 청소년에게 꿈을 가지라고 한다. 우선 우리가 꿈과 비전이라고 믿는 것들이 이루어졌다고, 즉 열심히 노력하여 어린 시절의 꿈인 과학자, 의사, 변호사, UN 및 국제기구 활동가, 기업CEO, 교수 등이 되었다고 가정해보자. 하지만 우리 주위의 과학자, 의사, 기업CEO, 교수들의 삶을 보면, 저 삶이 과연 우리가 최선을 다해 달려온 것인가 하는 제2의 고민이 생길 수 있다. 목표로 했었던 이런 직업(꿈이 아닌 직업)을 이룬 후에 행복한 삶을 살아갈 수 있다면 다행이지만 그 이후에도 그렇지 않은 경우에는 낭패가 아닌가. 이러한 꿈, 목표에는 공통점이 있는데 모두 경쟁을 통해서만 이룰 수 있다는 것이다. 과학자, 의사, 변호사도 그렇지만 심지어 세계 평화를 위한다는 UN에서 일하려고 해도 엄청난 경쟁을 뚫고 들어가야만 한다. 경쟁에서 밀려나 좌절할 때, 세상의 멘토들은 여전히 꿈을 포기하지 말고 끝까지 노력하라고 조언한다. 경쟁 속에서 포기하지 말라는 것이다. 그런데 꿈을 이루기 위해서는 꼭 경쟁이 필요한가라는 근본적인 질문은 왜 하지 않는 것일까? 생각의 방향을 한 번 바꾸어 보았으면 한다. 우리가 그렇게 하고 있는 것처럼 우리의 후배들에게, 우리의 자식들에게 세상에 이미 존재하는, 우리의 전 세대가 만들어 놓은 직업만을 꿈꾸게 할 것인지 진지하게 질문해 보았으면 한다. 꿈은 잠 잘 때 꾸는 것이다. 남들이 만들어 놓은 꿈을 구입하여 꾸지 말고, 우리의 생각에 기반을 둔 비전(vision)을 가져 보았으면 한다. 비전은 지금 보이지 않는 그 무엇을 다가올 날들 어딘가에는 보이게 만드는(visible) 작업이다. 그것이 생각이어도 좋고, 사상이나 물건, 직업이라도 관계없다. 비전을 만들어 가는 삶에는 소비적인 경쟁은 없으며, 설사 있더라도 자기와의 경쟁이 있을 뿐이다. 새로운 직업을 비전으로부터 만들어내지 못했기 때문에, 혹은 만들어 내려는 노력을 하지 않았기 때문에 우리가 겪고 있는 현재의 모든 어려움이 생겼는지도 모른다. 하고 싶은 것과 할 수 있는 것이 다를 때 우리는 무능함을 느끼면서 절망한다. 절망이 깊어지면 때로는 분노하기도 하고 결국에는 우울해지면서 좌절한다. 하고 싶은 것과 할 수 있는 것이 왜 달라야 하는 것일까? 그것은 경쟁에 의해서만 결정되기 때문이다. 모든 사람이 대통령이 될 수 없듯이, 모든 사람이 대기업의 임원, 의사, 변리사, 공무원이 될 수는 없다. 오히려 대통령이 없는 사회, 임원이 없는 기업, 대기업이 없는 기업문화, 지금의 병원시스템이 아닌 대안 병원으로 병을 예방하고 치료하는 사회, 특허 없는 사회에 대한 비전은 불가능할까 하는 근본적인 질문을 가지고 이 사회를 바라보고 비전을 가질 때, 무능과 절망을 양산할 수밖에 없는 지금의 사회를 대신할 사회의 설계가 가능하다. 그런 사회는 이전 시대가 이미 경험한 자본주의, 사회주의가 아닐 가능성이 높다. 시간(즉, 100년)을 이용해 억지로 정의한 세기의 끝자락과 새로운 세기의 초반을 살아가는 우리들에게 구시대의 굴레를 내려놓는 용기가 필요한 이유이다. 김광석의 노래를 들으며 실컷 울고, 무한도전 '토토가'에서 힘을 얻고 일어설 때만이 과거의 굴레도 없어지고 출발점이 비로소 보인다. 예술과 미학은 카타르시스로 가능하다고 보았던 아리스토텔레스가 이해가 되는 부분이다. 우리 시대는 그만큼 우리에게 많은 눈물을 요구하는지 모른다. 눈물을 통해 마음 속 그 무엇을 씻어 내버릴 때만이 김광석은 과거의 향수로만 존재하지 않고 현재 재평가될 수 있는 것이다. 고인이 된 이성규 감독의 영화 '시바, 인생을 던져(2013)'에서 가정주부의 삶 속에서 속박하지만 결코 벗어나지 못했던 존재인 압력밥솥을 갠지스 강에 내려놓은 순영 아줌마처럼 과감한 결단을 해야 한다. 경쟁사회, 경제성장이 절대적인 가치인 시대를 극복하지 못했고, 다음 세대를 위해 변화를 만들어내는 데 실패한 지금 세대는 이제 서서히 은퇴하는 시점이 되었다. 힘들지만 시대의 주역이 바뀌고 있다는 것을 인정해야 한다. 주인공을 하다 세월이 흐르면 조연도 해야 한다. 전후세대, 7080세대는 사회의 많은 부분에서 이제 주인공보다는 조연의 역할에 충실해야 하는 시기가 오고 있다. 아니 이미 우리 앞에 와 있는지도 모른다. 우리 사회의 많은 분야에서 90년대 젊음을 보낸 X세대에게 새로운 기대를 하는 까닭이다.

무능을 극복하거나 혹은 무능의 실체를 알고 나면 무지가 우리를 기다리고 있다. '아는 것, 지식'을 공자는 '모르는 것을 아는 것'이라고 하였다. 그러므로 무지는 그렇게 걱정할 필요 없다. 무지는 경쟁할 필요 없이 얼마든지 극복 가능한 것이다. 얼마나 알아야 하는 지의 제한은 애당초 존재하지 않는다. 다만 하고 싶은 것(즉, 무능으로부터 해방된)에 필요한 것(지식)을 배우고 익히면 된다. 우리 사회의 교육시스템도 이러한 구조 속에서 존재할 수 있다. 가장 이상적인 사회는 5천만 인구가 5천만 개의 다른 직업을 가질 수 있는 사회가 아닐까? 왜 직업을 분류해야 할까? 목수와 건축사, 노동자와 기술자, 농부와 상인, 교수와 강사, 선생과 학생 등으로 왜 우리는 분류해야 할까? 분류하지 않고도 운영될 수 있는 사회의 비전을 한 번만이라도 가져보았으면 한다.

이 책을 통해 과학과 공학, 사회과학, 인문과학을 배우는 사람, 즉 학생의 입장에서 이해하려고 노력할 것이다. 이해한다는 것은 나름의 개념을 만드는 것이다(칸트의 오성과 개념). 이 이해 속에서 우리가 살아내고 있는 시대의 진리, 믿음, 이런 것들 속에서 기후변화라는 문제를 계속해서 빗대어 볼 것이다. 기후변화라는 실체 혹은 존재는 그런 것이라 믿는다. 존재를 알아야 해결의 열쇠가 보이기 때문이다.

2. 실체 없는 환상 기후변화 혹은 자연과학?

영화 '매트릭스'를 보면 우리가 살고 있는 세상은 인위적으로 만들어진 환상이며, 거대한 인간배양시스템에 의해 에너지가 조절되는 별개의 사회가 존재한다. 하지만 그 환상은 실제 사회와 꿈과 같은 의식시스템에 의해 연결된다. 환상 같은 현실이고, 현실과 같은 환상이다. 토마스(키아누 리브스 역)는 가상세계로 처음 들어가 의자를 손으로 만져보는데 실제로 만져진다(sensible). 영화 속 한 인물은 현실을 벗어나 자발적으로 가상현실로 들어가 부유한 인물로 살아가길 원하고 부탁하기도 한다. 가상현실의 부조리를 극복하는 유일한 방법은 가상현실 속에서만 가능하다는 것이 영화의 가정이다. 워쇼스키 감독의 의도가 어떠했는지는 알기는 힘들지만, 영화의 골격은 가상 혹은 환상, 실체와 존재를 연결하는 세상을 주제로 삼고 있는 듯하다. 문제는 영화를 보고 난 후 돌아온 현실인데, 영화 매트릭스와 현실이 그렇게 다르지 않다는 데 있다. 실체를 알기 힘든 경제, 이데올로기, 인간관계 속에서 끊임없이 펼쳐진 매트릭스 구조 속에서 이 시간을 우리는 살아가고 있는지 모른다.

2014년 국내에서 상영되어 독립영화치고는 꽤 흥행에 성공한 'Her(그녀)'(스파이크 존스 감독, 2013)라는 영화가 있다. 이 영화 속 사람들은 지금의 우리처럼 스마트폰을 가지고 있으면서, 바라보고 터치하는 것만이 아니라 컴퓨터 운영체계인 OS와 대화를 나눈다. OS는 컴퓨터를 사용하는 사람과 대화를 나누는 단계를 넘어 서로의 기분, 감정, 감성 등을 알아차린다. 결국 거짓말 같지만 사람이 컴퓨터 OS와 사랑에 빠진다. 프로그램 되어 있는 OS와의 대화이지만 사람과의 만남 이상이다. 사만다라는 이름의 OS는 몸이 없는 것에 대한 고민을 사용자 테오도르에게 털어놓는다. 그때 테오도르는 사만다에게 '너는 환상이 아니라 실체'라고 위로한다. 영화 매트릭스에서 이미 우리는 경험하였지만, 꼭 볼 수 있고 만질 수 있는 것만이 실체는 아니다. 영화 Her에서도 이 시대의 실체는 사람으로 국한되지 않는다는 믿기 힘든 '진실(truth)'을 우리에게 또 한 번 강조하고 있다. 영화에서 OS가 자기 이름을 사만다로 한 이유를 테오도르가 묻자 예쁜 이름을 하나 골랐다고 답한다. 개인적으로, 주인공 남자의 이름이 왜 테오도르일까 감독에서 묻고 싶었다. 테오도르는 독일의 철학자, 심리학자, 사회학자이기 때문이다.

우리 모두에게 기후변화라는 명칭은 같지만 또한 모두에게 각기 다른 세상으로 다가온다. 대기과학자에게, 생물과학자에게, 전자공학자에게, 기계공학자에게, 법학자에게, 정치가에게, 사업가에게 모두 다른 세상이다. 어쩌면 서로가 서로의 기후변화를 이해할 수 있는 공통의 언어가 없을지도 모른다. 기후변화, 지구온난화 이론에 대한 옹호자(supporter), 부정하는 자(denier)는 서로 다른 대상(object or subject)을 가지고 논쟁하고 있는지도 모른다. 즉, 싸움을 위한 꺼리가 그들은 필요한지도 모른다. 그들의 싸움에 말려들지 않으려면, 문제와는 무관한 해답을 잔뜩 만들어놓고 해답을 사용하기 위한 문제를 찾을 것이 아니라, 진정 우리가 겪고 있는 문제가 무엇인지 바라보아야 한다.

비슷한 예를 슬라보예 지젝의 책(삐딱하게 보기, 김소연, 유재희 옮김, 시각과 언어, 1995)에서도 만날 수 있다. 지젝은 Robert Scheckley의 Store of Worlds(2012)라는 소설을 인용하면서 비슷한 예를 소개한다. 톰킨스라는 노인은 폐허가 된 오두막에서 살면서 이상한 약을 이용하여 그를 찾아오는 사람들을 원하는 곳으로 이동시켜주고, 대신 소중한 물건을 받는다. 톰킨스를 찾아간 웨인은 망설이다가 다음 날 찾아오기로 하지만 부인과의 약속, 약속에 또 약속, 아들과의 여행 등으로 또 다른 일들로 일 년을 보낸다. 그리고는 갑자기 깨어나는데, 톰킨스가 물어본다. “만족스러운지요?” 반전이 있었던 것이다. 핵전쟁으로 폐허가 된 세상의 지하 은신처에서 살고 있는 웨인은 핵전쟁 전의 세상으로 돌아가고 싶었던 것이다. 지젝과 라캉은 이를 통해 욕망의 재생산, 지연(Differ’a’nce), 순환을 통해 욕망을 실현하려는 인간의 욕망역설이라고 얘기한다. 분명 우리에게는 이런 면이 있는 것도 같다. 여러분은 어떠한지? 2013년 여름 불볕더위를 겪고 우리의 어린 시절은 이렇게까지 덥지는 않았다는 중년층, 어른들의 얘기를 많이 들었다. 여러분이 그렇게 생각할 수도 있다. 50년 후 핵오염으로 혹은 지구온난화로 폐허가 된 지구에서 제2의 웨인이 되어 시간과 공간의 ‘지연’을 통한 욕망충족을 하고 있을지 누가 알 수 있겠는가? 하지만 여기서 역설(paradox)적인 것은 우리는 욕망의 대상이 있을 때 더 행복하고 (혹은 불행하지 않고) 살아 있다는 존재로 느낀다는 것이다. 만약 핵 위험도, 자본주의의 위기도, 지구온난화 위기가 없어지면 욕망할 것도 없어지므로 행복해지는 것이 아니라, 그때야 말로 가장 결핍을 느낀다는 것이다. 우리는 어려서부터 계속해서 민주화에 대한 간절한 바람을, 경제위기(IMF) 탈출의 바람을, 그 이후 다시 경제성장이라는 저 멀리 있는 희망 혹은 욕망을 가져왔고, 앞으로도 아마 가질 것 같다. 즉, 지금 욕망하고 희망하는 것의 충족이 끝이 아니라는 것이며, 인간은 불행해지지 않고 살아있다는 희망을 버리지 않으려면 끊임없이 욕망해야 한다는 것이다. 지젝은 비슷한 얘기를 하나 더 소개한다. Patricia Highsmith의 소설 'Black House'(2012)은 한 마을의 외딴 작은 폐가에 대한 이야기이다. 마을 주민들은 이 폐가를 싫어하고 어린 시절부터 폐가와 관련된 나쁜 기억들을 가지고 있다. 어느 날 한 젊은이가 마을의 골칫거리인 폐가문제를 해결하겠다고 약속한 후, 그날 밤 폐가에서 하룻밤을 지내고 다음 날 마을 사람들에게 아무 일도 없었다고 얘기한다. 하지만 마을 주민들은 기뻐하기는커녕 어떻게든 구실을 두어 원하지 않은 진실을 밝혀버린 그 젊은이를 마을로부터 제거하려고 한다. 이를 기후변화에 빗대어 얘기해보면, 누군가 기후변화라는 것은 그렇게 걱정할 것 없는 환상이었다고 확실하게 증명하면 사람들은 그에게 고마워하지 않고 오히려 원망할 수도 있다는 것이다.

현재 우리가 겪고 있는 문제들에 연관된 과학의 위기 혹은 돌파구 마련의 어려운 상황을 본 책은 말하고자 한다. John Gribbin은 과학역사는 갈릴레오, 뉴턴, 아인슈타인을 거치면서 큰 변화를 경험했고, 지금은 새로운 변화를 기다리는 시기라고 하였다. 또한 그 변화는 질(quality)에서 시작될 것이라고 예측하였다. 아리스토텔레스, 칸트는 질(quality)을 개념(concepts)의 카테고리 중 하나로 분류하였는데 '질'은 다름 아닌 새로운 실체를 만들어낼 수 있을 때 생겨나는 개념이다. 이러한 관점과 정의는 수학, 물리학 등에서도 실체(reality)와 더불어 쉽게 발견할 수 있다. 수학에서의 허수(imaginary number)도 새로운 실체였고, 일반상대성이론의 시간은 과학분야의 새로운 실체(reality)를 만드는 것이 인류와 과학에 어떤 영향을 줄 수 있는지 쉽게 이해할 수 있는 좋은 예들이다.

만약 신(혹은 우주의 섭리)이 지구를 보면서, 현재 지구별의 위기를 해결하기 위한 기회를 인간에게 줄 것인지, 아니면 지구 자체 생명체들의 정화노력을 이미 시작하게 허락하였는지 궁금하지 않은가? 만약 우리에게 1년 혹은 10년, 아니면 100년 정도의 시간이 있다면 여러분은 지금의 위기를 어떻게 극복할 것인가? 지금 지구별의 위기는 여러 과학자들이 얘기하는 생태적, 환경오염의 차원이 아니라, 인간성의 상실로 이해될 수 있는 새로운 실체(reality) 차원일 수 있다는 것이 어쩌면 가장 어려운 문제이다. 물론 필자는 이에 대한 정답을 알지 못하고 앞으로도 알 수 없을지도 모른다.

과학 혹은 자연과학의 위기를 얘기하기 이전에 과학이 무엇인지에 대한 이해가 도움이 될 듯하다. 아인슈타인은 그의 책, 'The Evolution of Physics'에서 과학은 "State of mind, with freely invented concepts and ideas"이라고 정의하였다. 과학을 정의하면서 마음(mind)을 언급한 것은 우연이 아니라고 믿는다. 논쟁의 여지가 없는 것은 아니지만 한 가지 분명한 것은 아인슈타인의 정의가 맞든 어떤 기준에서 문제가 있든, 과학을 올바로 알기 위해서는 마음에 대한 이해 또한 필요하다는 사실이다. 과학은 관찰(observation)에서 출발해서 직관(intuition)의 지식, 개념(concept)의 지식을 만들어낸다. 각 개인의 다른 재능에 따라 여러 가지 다양한 방법이 이용되겠지만 근본적 구조는 유사할 것이며, 이는 이미 선배 과학자와 철학자들이 제시한 바와 같다. 이러한 테두리(boundary, limit)에서 우리에게 다음과 같은 질문이 떠오른다.

과학 활동의 기본인 관찰은 눈으로만 이루어지는 것이 아니라 눈, 코, 입, 귀, 촉감으로도 가능한데, 과학적 결과와 연관된 오감은 과학방법론적으로 모두 가능한가? 직관이란 무엇이고, 개념은 무엇인가? 개념을 넘어서는 이데아(ideas)는 개념의 만듦 과정과 어떻게 다른가? 이러한 과학활동의 철학적 배경 혹은 근거 혹은 목적은 무엇인가? 개인으로 존재하는 상황에서의 과학활동과 공동체를 위한 과학은 그 가치가 당연히 다른데 그 가치 추구를 위한 활동, 즉 문화(culture)는 과학과 어떻게 연결시켜야 하는가?

이에 대한 토론은 이 책에서 하나씩 차츰 하게 될 것이다.

질문

실체 없는 과학은 가능한가? '세종로에 있는 세종대왕 동상은 실체인가? 아닌가?'를 주제로 생각해보세요.

3. 환경주의(Environmentalism)

Environmentalism : A Global History,
by Ramachandra Guha(2000)를 중심으로

이 장에서는 환경주의(environmentalism)의 역사를 알아보고자 한다. 환경주의의 역사와 의미를 살펴봄으로써 기후변화 과학 혹은 지구온난화에 대처하고 있는 우리의 마음과 생각이 어떻게 환경주의와 연결되어 있는지를 냉정하게 알아보는 것은 의미 있는 작업일 것이다. 자연을 보호하는 사회적 동의가 자연 사랑의 감성에 호소하여 이루어질 수 있다는 것은 어쩌면 인간본성에 대한 순진한 믿음일 수 있다. 역사 속에서, 아니 우리가 살아온 시간 속에서도 이러한 믿음은 쉽게 깨져버린다. 만약 우리가 음식물 쓰레기 분리수거를 자발적인 참여에 의존했다면 가능했을까? 일회용 컵 사용은? 2013년 여름 전 국민적인 절전의 결과, 대정전의 위기를 극복했다고 한다. 하지만 국민들의 참여가 전기절약을 해야 석유를 아끼고 석유를 아껴야 지구자원, 자연보호가 가능하다는 자발적인 마음에서 비롯된 것 같지는 않았다. 그냥 대정전의 위기, 혹은 전기

절약하지 않으면 생길 수 있는 정부의 제재가 두려워서가 아닐까?

사람들마다 가지고 있는 환경주의 정신은 매우 다양하다고 본다. 심지어 환경산업을 환경주의로 보는 시각도 경험했고, 지금도 여전히 경험하고 있다. 어떤 사람은 전기자동차를 친환경 이동수단으로 보고 어떤 사람은 원자력발전, 화력발전으로 만들어진 전기가 어떻게 친환경일 수 있냐고 반문한다. 4대강 사업을 하천정비를 통한 수해방지와 하천복원을 이루는 친환경사업으로 보는 사람도 있는 반면, 보건설로 인한 강물의 정체로 인한 부영양화, 준설로 인한 모래 유실을 야기하는 환경파괴사업으로 보는 사람도 있다. 예민한 이야기이지만, 정치적 성향과 유사한 듯 하면서도 근본적인 차이를 보이는 것이 또한 '환경주의'이다. 우리들은 대개 환경보호를 얘기하는 사람들이 보수보다는 진보라고 생각한다. (여기서 잠깐, 여러분에게 '진보(progress)'란 무엇인가? 여러분은 '진보'를 어떻게 정의하는가?) 사실이기도 하지만 때로는 매우 극단적인 차이를 보이기도 한다. 세계적인 진보학자로 알려져 있는 슬라보예 지젝은 도시 속 삶, 대규모 하수처리장 등이 전원에서 개개인이 사는 삶보다 훨씬 더 친환경적이라고 하였다. 매우 그럴 듯한 얘기이기도 하다. 기후변화 이슈도 이러한 논쟁을 피하지는 못하고 있다. 환경보호를 가장 강력하게 얘기하는 사람이나, 경제발전을 최우선 지상가치로 보는 경제주의자도 기후변화/지구온난화를 위기로 보고 있다. 또한 두 그룹의 대다수가 지구온난화의 주범을 인간활동으로 본다. 이러한 사실이 지구온난화의 원인이 인간활동이라는 것에 찬성하는 과학자가 90% 이상이라는 통계가 나오는 원인 중 하나일 듯하다.

근대역사 환경주의의 시초는 영국의 시인 윌리엄 워즈워드(1770～1850)였다.

저 하늘 무지개를 보면 내 가슴은 뛰노라.
내 어린 시절이 그러했고 어른인 지금도 그러하고
늙어서도 그러하리.
그렇지 않으면 차라리 죽는 게 나으리.
아이는 어른의 아버지 내 하루하루가 자연의 숭고함에 있기를

잘 알려진 이 시는 그의 무지개라는 시이다. 아름답고 서정적인 이 시를 지은 배경은 아이러니하게도 산업혁명 이후 개발로 몸살을 앓았던 워즈워드의 조국 영국이었다. 목가적인 환경이 아닌 망가져버린 환경에 안타까워하면서 지은 시라는 것이다. 그는 평생 175,000마일(약 280,000km)을 걸으면서 황폐해진 자연을 안타까워하며 산업화를 반대한 환경주의 시인이었다. 초인적인 힘으로 하루도 쉬지 않고 매일 20km씩 걸었다고 하면 38년을 걸었다는 계산이 나온다. 산업화되어가면서 바뀌어 가는 조국의 자연을 보면서 걷고 걸었었던 워즈워드는 산업혁명의 결과를 예지하였던 것이다. 워즈워드에 이어 옥스포드대학 시학 교수이자 예술가였던 John Ruskin(1819～1900)은 산업화로 파괴되는 자연을 특히 물과 공기에 대해 다룬 책 'Physical consequence of the industrialization'을 출간하며 환경주의를 이어간다. 후발주자이긴 했지만 독일도 산업혁명의 큰 물결을 피하지는 못했고, 오히려 산업화의 가속력은 영국보다도 더 대단했을 것이라는 짐작을 쉽게 할 수 있다. 하지만 독일의 자연에 대한 애정은 영국과는 다른 식으로 표현되어 나왔다. 위대한 독일의 정신을 담은 국토가 산업화로 인해 훼손을 입어서는 안 된다는 녹색정신이 당시 독일을 지배했다. 나치당의 녹색정신이 대표적인 예이다. 이러한 녹색정신이 민족주의와 합쳐졌던 것이다. 지금도 유행하고 있는 유기농법 등이 그 당시 나치당의 농업정책이었다. 이런 면에서 독일의 정신과 사상은 특이하면서도 양

면성이 있는 것이 아닌가 생각되기도 한다. 1970년대 세계 최초로 녹색당이 독일에서 만들어졌을 때 사람들은 나치당의 부활이 아닌가 의심했을 정도이다.

두 번째 환경주의의 물결은 어떻게 흘러갔을까? 산업혁명 이후 망가져가는 자연은 많은 사람들의 마음을 아프게 했을 것이다. 그래서 워즈워드와 같은 시인, 존 러스킨과 같은 지식인들이 이를 비판했을 것이다. 유럽대륙만 그런 것이 아니라, 당시 식민지였던 인도 등지에서 엄청난 규모의 산림파괴가 있어 이를 비판하는 시각도 생겨났을 것이다. 물론 지금과 마찬가지로 자연의 개발은 어쩔 수 없다는 사람들도 있었겠지만, 이를 걱정하는 사람들도 있었다. 인간은 변화를 겪으며 감성적 움직임 이후에 이성으로 옮겨가나 보다. 자연스럽게 그들은 당시 엄청난 믿음을 지니고 있었던 자연과학이 이러한 자연파괴를 해결할 수 있을 것이라 믿었다. 워즈워드, 존 러스킨의 감성적 생각은 아름다운 자연을 가졌었던 과거로 돌아가자는 것이었다면, 과학적인 해결은 자연도 과거로 돌아가는 것이 아니라 새로운 모습을 지닌 미래로 창조되어야 한다는 것이었다. 인간 이성과 과학으로 자연, 환경파괴를 막을 수 있다는 믿음이다. 당시 산업화, 철도, 도로, 건축, 가구 등에 활용된 목재를 구하기 위해 파괴되는 산림을 보호하는 과학으로서의 '임학'이 해결책으로 제시되었다. 독일이 그 대표적인 국가로서 대학에서도 수풀전공학과가 생기는 등 나무, 임업과학이 독일을 중심으로 발전하게 되었고, 미국에서는 전문가들을 독일로 파견하여 관련 과학과 실무를 배워오게 하였다. 독일에서 많이 떨어져 있는 스페인 까디즈(최남단 항구도시, 콜럼버스가 2번째 출항을 한 항구)라는 도시에는 '독일의 숲'이 있다. 이렇듯 유럽의 많은 곳에는 독일식 숲이 아직까지 남아 있다. 그 정도로 그 당시 독일의 나무에 대한 전문성은 뛰어났던 것 같다.

흐름을 정리하여 이해해 보자면 산업혁명이 있었고, 이로 인한 자연파괴를 안타까워하는 정신이 있었다. 그리고 이성과 과학으로 해결하려는 노력이 생겨나 사람들은 환경파괴, 자연파괴는 이성과 과학만으로 지켜지는 것이 아니라는 것도 발견했을 것이다. 그래서 사람들이 만들어낸 개념이 국립공원(national park)이다. 서부개척으로 황폐해져가는 국토 중 일부라도 지켜야 한다는 생각을 가지게 되어 1872년 미국의 옐로스톤국립공원이 처음 생겼다. 지금도 그렇지만 이러한 국립공원 발생의 배경에는 상반된 이해관계가 있었다. 이렇게라도 국토의 일부는 아름다운 자연으로 남을 수 있게 보호되어야 한다는 생각도 있었겠지만, 국립공원의 발생 배경에는 여가를 즐길 수 있는 곳도 있어야 한다는 생각(여가산업)도 있었다. 아름다운 국토를 보호해야 한다는 생각과 아름답게 보호되었으니 우리가 그곳을 쉽게 가서 볼 수 있고 즐길 수 있어야 한다는 생각은 지금도 마찬가지이다. 지리산국립공원 케이블카를 두고 생기고 있는 찬반이 하나의 예이다. 자연보호, 환경보호도 사회적 동의를 기반으로 한다. 즉, 보호냐 개발이냐의 문제는 지역경제를 도울 수 있다는 경제적 논리 혹은 자연생태 차원의 논리가 중요하기도 하지만, 개인차원으로 돌아와 보면 우리들 마음속에서 그 문제에 대해 가져야하는 냉철한 논리가 어떻게 여러분의 생각, 주장을 뒷받침하느냐가 보다 중요한다. 다만, 감성으로 구성원 혹은 다수의 국민을 설득할 수 있다면 문제는 달라질 것이다.

명맥을 유지하고 있었던 'back to the nature, to the land' 타입의 환경주의, 이성과 자연과학에 기반을 둔 환경주의(개발 환경주의)도 2차례 세계대전을 겪으면서 큰 변화를 겪을 수밖에 없었다. 1차 세계대전 후에는 의미 없는 싸움에 대한 엄청난 좌절감, 죽음,

인간의 잔혹성 등이 사람들을 괴롭혔다면, 2차 세계대전 이후에는 '선'이 '악'을 이겨냈다는 자신감을 지게 되어 오히려 이러한 인간 이성, 과학, 정의, 선과 같은 가치들에 대한 믿음이 지나치게 생겼을 수도 있다. 그 결과, 이성에 기반한 과학은 암흑으로 볼 수 있는 악으로부터 인간을 해방시켜 프론티어 정신과 함께 새로운 세계를 만들어내는 원동력이 되었다. 지구는 이러한 정신의 실체화를 위한, 필요한 것을 그저 끝없이 제공해주는 존재가 되어버린 것이다. 건물이 필요하면 짓고, 도시가 필요하면 큰 도시도 건설되었다. 병을 치료하기 위해서 무슨 약이든 개발하면 되었고, 필요하면 첨단 화학기술을 이용하여 합성해냈다. 성장, 개발, 도약이라는 것이 전후 미국을 중심으로 전 세계의 정신과 이념을 지배했었다. 10년, 20년, 50년 오랜 시간이 지난 후 지금 2015년을 돌아보며 사람들은 어떻게 평가할 것인지 모르겠지만 성장, 개발, 도약 이런 것들이 여전히 중요한 것을 보면 역사는 아무래도 반복되는, 특히 불확실한 역사는 필연적으로 반복되는지도 모르겠다. 미국에서 출판된 작은 책 하나가 사람들의 마음에 작은 파문을 일으켰는데, 그 책이 바로 레이첼 카슨의 '침묵의 봄, Silent Spring(1962)'이다. 그녀도 이 책이 그 정도로 베스트셀러, 역사적인 책이 될지 몰랐다고 한다. 이후 그녀는 환경주의자, 여성운동 등의 대표적인 인물이 된다. DDT 모기해충약은 이 책을 계기로 일반사람들에게 경각심을 불러일으키게 되고 결국 사용 금지된다. 하지만 이 시기는 물질, 경제의 풍요시기여서 환경주의에 대한 관심은 극히 적었다.

여러분이 전후 세대를 살고 있다고, 또한 브레이크 없는 성장, 경제개발 일변도의 정책 속에서 하루가 다르게 변해가는 환경, 자연 속에서 살고 있다고 가정해보자. 우리도 이와 비슷한 경험을 한다. 어린 시절을 보냈던 곳에 가보면 예전의 모습은 사라지고 도시화되어 있는 편리한 삶의 모습이 대신하고 있다. 옛날 함께 했던 추억과 기억 속 모습과는 원하든 원하지 않던 결별을 해야 한다. 끊임없이 만들어내는 성장정책 속에서 변해가는 자연을 바라보면서 인간의 위대함을 확인할 수도 있지만, 이 개발의 끝은 어디일까 하는 의구심도 가질 수 있다. 필자와 같은 386/486세대, 그리고 한국전을 겪은 필자의 부모님 세대는 태생적으로 성장하고 개발하고 무엇이든 변해야만, 그리고 무언가 일을 해야만 살아남고 경쟁에서 이길 수 있다는 강박적인 그 무엇을 평생 가지고 있는 듯하다. 젊은 세대는 조금 다르지 않은가? 전후 전성기를 보낸 미국과 승전국이었던 유럽이 성장, 성장, 개발, 개발을 겪은 후 가지게 되는 마음은 어떤 것일까? 물론 다수는 아니겠지만 젊은 세대를 중심으로 지금의 개발이 꼭 필요한 것인가 하는 의문을 가지게 되고, 이 의문은 환경오염 문제로 인하여 점점 확신으로 변해갔을 듯하다. 환경오염, 환경파괴에는 관심 없이 오직 성장정책과 자신들의 정치적 입지에만 힘을 기울이는 정치인들을 포함한 기성세대에 대한 분노로 옮겨갈 수도 있다. 1969년 3월 덴마크에서 상징적인 사건이 하나 발생한다. 코펜하겐대학에서 과학자들의 세미나가 열리고 있었다고 한다. 이때 그 대학 학생들이 갑자기 세미나장으로 들어와 그 방의 문을 잠그고는 인근 오염된 호수에서 떠 온 더러운 물을 세미나에 참석한 과학자들에게 뿌렸던 것이다. 그러면서 “Come and Save it”이라고 소리쳤다고 한다. 입으로 떠들지만 말고 무언가 행동으로 옮기라는 항의였던 것이다. 그리고 다음 해 1970년 4월 22일 미국 전역에서 약 2천만 명이 오염된 지구를 살리자는 집회를 하게 된다. 그 날 이후 4월 22일이 ‘지구의 날(Earth Day)’이 된다. 이러한 움직임을 환경행동주의(activism)이라고 부른다. 이러한 움직임은 노르웨이의 자연주의자 Arne Naess로 이어져 1972년 심층

생태학(deep ecology), 급진환경주의(radical environmentalism)를 발표한다. 이들은 인간만이 지구에서 선택받은 '종(species)'이 아니고 모든 생물, 지구 자체와 분리하여 인류가 존재할 수 없다는 주장을 한다. 그 후 노벨상을 받은 가이아 이론도 이와 맥락을 같이 한다.

1980년대 환경주의의 암흑기(기후변화 역사 속에서 다시 논의)를 거치면서 1986년 또 하나의 상징적인 모임이 열렸다. 그해 9월 이태리 아시시(Assisi)라는 작은 마을에서 세계 모든 종교의 지도자(기독교, 천주교, 이슬람, 불교, 힌두교 등)들이 모여 지구환경에 대한 생각을 나눈 것이다. 이때 이태리 환경부장관, 영국 여왕의 남편 등 정치인들도 참여하였는데, World Wildlife Fund 설립 25주년을 기념하면서 지구인들은 우리 자신을 먼저 반성하고 서로를 이해하면서 무엇보다 하나뿐인 지구를 보호하자는데 의견을 모았다. 이 모임은 이것으로 끝날 수도 있었겠지만 상징은 늘 무언가 의미 있는 결과를 잉태하여 6년 후 1992년 브라질 리오데자네이로(Rio De Janeiro)에서 UNCED(UN Conference on Environment and Development) Earth Summit 회의가 열리게 되었다. 이 회의에서 3가지 안건이 채택되었는데 산림유실(deforestation), 기후변화(climate change), 생물다양성 감소(loss of biodiversity)였다. 또한, 기후변화협약(UNFCCC : UN Framework Convention on Climate Change)이 채택되었다. 이 회의에서 이에 관한 조약과 같은 의무이행이 약속되기 원했지만 the North와 the South로 대별되는 선진국, 개발국 간의 이해충돌로 인하여 조약체결은 무산되었다. 이후 환경보호, 지구환경에 대한 전 세계적인 관심을 일으키게 되고, 지구온난화 문제가 역사 속에서 모습을 드러내게 되어 1997년 마침내 교토협정이 맺어지는데, 40개 선진국(Annex I 국가)을 중심으로 2000

년까지 1990년 수준으로 온실가스 배출량을 안정화하려는 협약이다. 지지부진하던 협약이행은 2005년 가능성을 보이다가 미국, 호주 등이 협약을 거부하게 되었다. 이에 유럽연합국가를 중심(Annex B국가)으로 새로운 노력을 하게 되는데, 1990년 대비 이산화탄소 배출량을 평균 5.2% 감축하는 것을 골자로 한다. 1차 공약기간을 2008～2012년으로 했으며, 1차 공약기간 중 이행하지 못하면 감축량을 30% 추가하여 2차 공약기간(2013～2017) 동안 이행해야 하며, 이 또한 지키지 못하면 탄소배출권 거래자격이 정지되게 된다. 1988년 출범한 IPCC (Intergovernmental Panel on Climate Change)는 1990년 1차, 1995년 2차 보고서를 발표한다. 2차 보고서에서는 인간 활동에 의한 지구온난화의 'a signature'가 있다는 핵심 내용들이 담겼다. 2001년 3차 보고서에서는 지구온난화 원인으로서 인간 활동을 'very likely'로 표현한다. 2007년 4번째 보고서에서는 온난화영향의 증거들이 분명해졌다고 보고되면서 온난화가스 감축비용이 지구온난화 결과보다 경제적이라는 논리를 폈다. 2009년 코펜하겐, 2010 멕시코 칸쿤, 2012년 카타르 도하(DOHA)에서 UNFCCC 당사국회의가 열리면서 교토협정 이행 노력이 지속되었다. 카타르 도하회의에서는 의장이 억지로 교토협정 2기(2013～2020)를 인준하는 해프닝이 있었지만, 미국은 여전히 탈퇴한 상태이고 일본도 추가로 탈퇴하였다. 일본이 탈퇴한 이유는, 교토협정 당시에는 인간이 조절 가능한 이산화탄소의 양이 전체의 65%이었지만 이후 교토협정 이행 노력 없이 세월만 보내 이제는 조절 가능한 이산화탄소이 양이 25% 정도로 줄었다는 것이었다. 다음 UNFCCC 당사국회의는 2015년 파리에서 개최된다. 여기서 교토협정 2기에 대한 합의와 온난화가스 감축을 위한 구체적인 합의가 이루어질지는 현실적으로 어려워 보인다. 현재까지 유일한 합의는 향후 100년간 지구기온 상승을 2도씨 내로 막아야 한다는 것과 Global Climate Fund (GCF) 1000억 달러를 조성한다는 것인데, 현재까지 GCF 30억 달러가 만들어졌을 뿐이다. 상황이 이러하니 향후 전망은 매우 어두운 것이 사실이고, 전 세계는 2015년 파리의 기적을 바라볼 뿐인 듯하다.

환경주의를 얘기하면서 쉽게 간과하는 것이 하나 있는데 구 소련의 환경주의이다. 흔히 우리가 사용하는 말 중에서 제3세계(the Third World)가 있다. 아프리카, 아시아, 남미 등 상대적으로 경제적 개발도상국가를 가리키는 말이다. 제1세계(the First World)는 유럽, 미국, 일본, 호주, 뉴질랜드 등 경제 선진국을 나타낸다. 그럼 제2세계는 어떤 국가들을 나타낼까? 제2세계 국가는 과거 소련(United Soviet)을 빅 브라더(Big Brothers)로 하는 사회주의 국가들, 부자도 그렇다고 가난하지도 않은 국가들을 말한다. 환경주의를 역사적으로 살펴보면서 이 부분을 다루지는 않았는데, 구소련도 20세기 초 산업화의 물결을 피할 수는 없었을 것이다. 1917년 11월 볼셰비키혁명 이후 서구 국가들을 경제적으로 따라잡기 위해 국가적인 총력을 기울였다. 다른 점이라면 마르크시즘에 기반하여 사회주의의 중앙 집중화된 시스템에 의해 산업화가 이루어졌고, 그들이 믿었던 국가체계 시스템에 의해 환경오염도 조절될 수 있다는 믿음을 가졌다. 1920년대는 소련 환경보호의 황금기였다. 레닌은 자연보호주의자여서 많은 정책을 자연보호, 환경, 생태연구에 쏟았다. 하지만 1929년(스탈린 집권 시작)을 기점으로 환경주의자는 반마르크스스주의(un-Marxist), 반체제인사, 간첩으로까지 몰려 많은 과학자들이 투옥되고 사망하게 되었다. 1930~1940년대 약 150만명의 학자들이 투옥되고 사라졌다. 과학자 파블로프도 이 중 한 사람이었다. 환경보호주의자는 자본주의국가에서도 사회주의국가에서도 환영받지 못하는 존재였고 또한 지금도 그런 듯하다. 하지만 재미있는 사실이 있는데 평화주의자도, 나치당원들도, 전체주의자도, 민주주의에서도, 사회주의에서도, 구소련 혁명세력들도, 경제개발주의자도, 신자유주의자도, 생태주의자도, 4대강 개발정책 입안자도, 4대강 개발 반대자도, 원자력발전 옹호자도, 원자력발전 반대자도, 모두가 자신들을 '환경주의'자라고 한다는 점이다. 환경주의가 정말 무엇인지 혹은 무엇이어야 하는지 한 번 생각해 보았으면 한다.

질문

현재 기후변화, 지구온난화 관련 정책과 연구는 '환경주의(Environmentalism)'의 한 줄기로 볼 수 있는지 그렇지 않은지를 생각해보세요.

4. 우리는 어떤 과학시대를 살고 있는가?

코페르니쿠스의 후예들 …

영국드라마 시리즈 '셜록'을 보면 명탐정 셜록홈즈(2013)는 처음 본 사람을 면밀하게 관찰한 이후에 그 사람의 가족관계, 성격, 직업, 오늘 있었던 일, 의뢰하러 온 사건 등을 바로 유추해낸다. 이것은 관찰을 통해 감지가 가능한 사실들을 기반으로 하여 사람의 특성을 알아내는 과학적 방법이다. 그런데 명석한 셜록홈즈가 지구가 태양주위를 돈다는 사실을 모르다가 최근 우연히 처음 알게 되었다는 것을 고백하는 에피소드가 있다. 사람들은 이를 신기해하기도 하고 혹은 믿기 못하겠다는 반응을 보인다. 셜록 드라마의 작가와 연출가의 의도를 알지는 못하지만 내 나름대로는 짐작이 된다. 그것은 우리가 직접 알아내지 못한 과학이라고 이름 붙여진 세상의 수많은 지식(블랙박스 지식들), 사실들을 우리는 아무런 의심 없이 받아들이고 있다는 메시지인 듯하다. 이것은 진실이라고 믿고 있는 수많은 과학 지식 혹은 사실 중에는 과학이라는 가면만 쓰고 있는 것도 있다는 의미이다. 즉, 우리가 과학을 어떻게 정의하는지에 따라 달라질 수 있다는 것이다.

여러분이 가장 좋아하는 과학자는 누구인가? 아인슈타인(1879~1955)? 아이작 뉴턴(1643~1727)? 혹은 천체이론 지동설을 주장한 코페르니쿠스(1473~1543)? 오늘은 우리가 이들 과학자들의 연장선상에 살고 있는 과학자라고 생각해보자. 코페르니쿠스는 1543년 '천체의 회전'이라는 책에서 지동설을 주장한다. 우리는 어린 시절부터 지구중심의 천체학설에 용감하게 지동설을 주장한 영웅적인 과학자로 코페르니쿠스를 존경해왔다. 아니 존경할 수밖에 없는 과학자로 배웠다. 오늘은 코페르니쿠스를 조금 다른 각도에서 한 번 살펴보았으면 한다. 그럼 그 이전의 과학은 어떠했을까? 그 이전의 과학자 혹은 철학자들은 어리석고 고집스럽고 코페르니쿠스와 같은 천재 과학자의 진실을 왜곡한 사람들이었을까? 그럴지도 모른다. 이쯤 얘기하면 현대과학을 불신하고 이상한 혹은 미신적인 과학에 대한 부정적 시각을 얘기하려는 것이 아닌가 의심할지도 모르겠다. 물론 그럴 수도 있지만 현대과학을 믿고 혹은 의심하는 것을 여러분께 강요하는 사람은 이 세상에 아무도 없다. 간섭 혹은 충고하는 사람도 없다. 현대과학은 그야말로 천하무적이다. 어떤 과학적 성과나 이론이 발표되면 사람들은 일단 그 사실 자체를 받아들인다. 기상이변 등의 이유로 거론되는 지구온난화를 설명하는 과학을 우리는 특별한 의심 없이 받아들인다. 8시/9시 뉴스의 기상뉴스에서 앵커나 리포터들이 얼마나 자주 그리고 많이 지구온난화라는 얘기를 하는지 놀라울 정도이다. 기상이변, 폭염, 혹독한 추위는 물론이고 과실 수확, 벼농사에 문제가 생겨도 특별한(혹은 충분한) 근거(혹은 설명)없이 '지구온난화의 영향으로 … '라고 언급하고 넘어가기도 한다. 이러한 배경에는 지구온난화, 기후변화는 엄연한 과학이라는 가정이 깔려있다. 그만큼 과학은 무조건 믿을 수 있는 것이 되었다. 만약, 과학에 대해 이의가 있다면 그것이 과학이라는 사실, 진리라는 것보다는 그것이 인류에 도움이 되느냐 혹은 우리가 받아들일 수 있을 윤리적 기준을 가지고 있느냐의 문제이지, 과학 자체는 아닌 시대가 되었다. 과학은 무엇인가 하는 근본적인 질문을 하는 사람들은 과학계, 공학계에서조차 매우 드문 시대를 살고 있다. 그만큼 과학은 너무나 명확한 인간사고, 실천의 근본이 되었다. 사회학, 인문학, 경제학도 사회과학, 인문과학 등의 과학이라는 이름으로 학문 분류되기도 한다. 심리학의 연구결과를 자연과학 저널인 Nature, Science에 발표할 수 있는지를 과학자들이 논의하여 허락하기도 한다. 우리가 이 책에서 기후변화가 과학인지 아닌지 토론한다면 기후변화가 일어나고 있는지, 아닌지의 차원을 떠나, 한국에서는 아마 유일하게 과학에 대한 근본적 질문을 하고 있는 유일한 사람들일 수 있다.

코페르니쿠스 이전의 시대로 돌아가 보면 과연 어떤 분위기였을까? 여러분은 그 시대 모든 사람들, 코페르니쿠스와 같은 대학에서 공부한 학생들, 그 당시 학자들, 교수들 중 코페르니쿠스만이 지동설을 믿었다고 짐작하는가? 세상의 사실이나 관찰에 특출한 사람이 있을 수 있지만 대개는 시대의 분위기는 과학에도 분명 존재했을 듯하다. 즉, 코페르니쿠스만 지구가 태양을 중심으로 회전한다고 생각하지는 않았을 것이다. 필자는 천동설과 지동설의 배경이 되고 밑거름이 되어왔던 인간과 우주를 바라보는 철학적 시각을 담아 문제의 핵심과 바라보는 시각을 조금 다르게 가져보았으면 한다. 14세기, 특히 그 이전 시기에는 천체, 자연과학을 바라보는 시각이 지금과는 달랐을 것이다. 태양을 비롯한 행성의 궤도운동, 속도 등을 지금과 같이 사물의 움직임만으로 보지는 않았을 것이고, 행성을 포함한 자연의 모든 움직임을 우리 인간 내부에서 일어나는 현상과 일치시켰을 것이라는 의미이다. 몇 가지 이를 짐작케 하는 것이 있다. 피타고라스의 삼각형을 보면 자연계에 존재하지 않는, 천체의 어떤 운동으로도 표현하기 힘든 수학적 기하를 생각한 것은 인간 내부의 움직임이 근간이 되었을 것이다. 사각형도 마찬가지이다. 태양이 지구를 중심으로 돌든지, 태양을 중심으로 지구가 돌든지 그렇게까지 중요하지 않았을 것이라는 것이다. 태양이 중심인지, 지구가 중심인지 여러분에게는 아주 중요한 문제인가? 진리를 왜곡하자는 것이 아니라 한 번 다른 방향으로 우리의 관점을 바꿔보자는 것이다. 현대과학의 개념과 추상들로 가득한 지금의 우리에게는 이 문제가 위대한 발견처럼 보이지만 그 시대 과학자, 철학자들에게는 사소한 문제였을 수 있다. 오히려 종교적으로는 중요한 논쟁일 수는 있었겠지만 말이다.

코페르니쿠스의 이 위대한(?) 발견이 지금 현대과학의 시각, 그리고 역사를 얼마나 바꾸어 왔는지 한 번 보자는 것이다. 이 책의 주제인 기후변화 과학에 또한 코페르니쿠스의 발견이 어떤 의미인지도 가늠해보고자 한다. 필자에게 코페르니쿠스의 천동설은 준비되지 않은 나라를 다른 강한 국가에 개방할 수 없다는 조선말 흥선대원군의 쇄국정책을 연상케 한다. 그 길이 국익을 비록 위하는 것이라 하더라도 잠옷 바람으로 손님을 맞을 수는 없다는 대원군의 철학을 우리는 흔히 답답한 실패로 본다. 너무 빨리 알아버린 편리한 과학의 방법은 자연과 인간을 연결할 필요성을 영원히 역사 속으로 사라지게 하였다. 지동설의 발견이 아니라, 이것이야 말로 코페르니쿠스의 엄청난 사건이었다고 생각한다. 이후 모든 우주와 자연을 관찰하고 바라보는 시각은 더 이상 인간 내부의 움직임과는 무관해도 된다는, 그럴 필요가 없다는 공식적이고도 역사적인 인정을 받게 된 것이다. 기왕에 알게 될 거 한 천재 과학자에 의해 좀 빨리 알게 되었다면 그것으로 되지 않았느냐고 반문할 수 있지만 시간이 중요한 문제들도 있다. 자연을 바라보는 우리의 인식, 방법론이 확고해지기 전에 알아버린 천기누설은 인간을 오히려 병들게 할 수 있다. 사과가 떨어지면 떨어지는 운동, 속도가 이를 바라보는 인간의 내부 움직임으로도 인식할 수 있는 능력이 그 당시 사람들에게는 남아 있었다면 말이다. 천체의 움직임은 물론이고 사물의 움직임(위치변화, 속도, 시간변화에 따른 변경 등)에도 늘 인간은 내면의 움직임으로 인식했다는 것이다. 영화, 연극의 특정장면에서 일부 관객은 공감하면서 울지만 별 감동을 받지 못하는 관객도 있다. 즉, 공감하는 관객은 그 장면의 상황을 관객의 마음속에 가지고 있다는 증거이다. 사물(혹은 상황)을 Object, 대상으로만 보는 것이 아니라, 이를 바라보는 인간 내부에도 사물의 움직임이 투사되었을 것이라는 것이다. 수학자들이 그랬을 것이고, 중세 혹은 그 이전의 의사들은 약초와 인간 신체의 반응을 인간 신체 내부의 감각들로 알아냈을 것이다. 이는 지구온난화의 원인이 이산화탄소라는 것을 직접 보지 않고도 믿는 것과 크게 다르지 않다. 상하, 좌우, 전후의 움직임을 내부 기관의 감각으로 알고 있었다고 보지 않고는 조상들의 슬기로운 여러 학문적 발견(수학, 물리, 의학 등)을 이해하기 힘들기 때문이다.

데카르트, 뉴턴은 코페르니쿠스의 수제자

한 번 무너진 신념은 걷잡을 수 없는 법이다. 한 번 뚫린 지름길을 걸어가지 않고 어렵게 먼 길을 돌아갈 사람이 몇이나 있을까? 철학적으로 코페르니쿠스의 세계관과 방법론에 불을 붙인 것은 프랑스의 철학자 르네 데카르트(Rene Descartes, 1596~1650)였다.

우리 모두는 “나는 생각한다. 고로 존재한다.”라는 말로 데카르트를 기억한다. 이 말이 무슨 의미가 있기에 데카르트 하면 이 말을 자동으로 떠올리게 될까? 생각할 수 있는 능력, 인간의 정신, 이성 혹은 의식(consciousness)만이 중요하고 의식의 대상이 되는 자연, 사물 등은 믿을 수 있는 것이 아니라는 주장이다. 인간의 정신과 사물(인간의 육체, 사고결과(이미지, 개념 등)를 포함)의 분리를 주장한 것으로서 이원론(dualism)의 시작을 알리는 선언을 여기에서 발견한 것이다. 우리가 바라보는 것과 그것을 바라보면서 생각하는 정신은 분명 분리되어 있다는 이원론은 조선시대 대학자인 퇴계이황(1501～1570)의 학설이기도 하다. 퇴계선생님과 20대 기대승과의 논쟁이 이원론에 대한 것이었음은 이미 알고 있는데, 그것은 다름 아닌 정신과 관찰되고 사고되는 것의 분리(이원론)에 관한 것이었다. 이와 반대로 정신과 사물에 의해 생기는 이미지의 흐름(즉, 이벤트, matters)이 다르지 않다는 주장은 일원론(monism)이다. 이는 우리나라의 경우 기대승, 율곡 이이에 의해 주장되었고, 서양의 경우 행동주의 심리학자, 철학자였던 제임스 왓슨(1878～1958, 시카고대학에서 죤듀이 지도 하에 공부함), 실용주의자 존듀이(1859～1952) 등에 의해 주장되었다. 어쨌든 데카르트에 의한 인간 정신의 육체로부터의 독립, 분리는 단순한 철학적 주장을 벗어나, 코페르니쿠스의 지동설을 기반한 자연과학의 새로운 방법 모색에 불을 붙이고, 사물의 움직임을 인간 내부 움직임과 영원히 분리시키는데 멈출 수 없는 가속을 가했다. 즉, 데카르트는 코페르니쿠스적 자연과학방법론에 강력한 무기를 제공한 셈이다.

데카르트가 철학적 기반을 코페르니쿠스의 자연과학 방법에 제공하였다면, 자연과학 방법을 수학적, 물리학적(기계적 메커니즘 부분)으로 발전시키면서 확고하게 한 것은 아이작 뉴턴(1642～

1727)이었다. 그는 1687년 Principia를 발표하면서, 인간을 더 이상 자연과 연결시키는 것을 불가능하게 만드는 엄청난 이론들을 쏟아 내었다. 뉴턴의 이론은 수학적 방법(즉, 경험에 기반하지 않는 추상)으로만 자연의 움직임을 완벽하게 설명할 수 있게 하는 길을 열었다. 뉴턴은 인간 정신과 사물의 완벽한 분리를 위한 수학적 이론을 제시하였고, 이런 이유로 뉴턴의 이론을 Mechanical View라고 한다. 뉴턴이 유명한 물리학자였음을 부정할 수는 없지만 그의 이론이 과학사, 심지어 인류사에 어떤 영향을 끼쳤는지 다시 한 번 생각하게 만든다. 참고로 뉴턴은 대학교수직은 유지한 채로 정치계로 입문하여 정치교수가 된 물리학자이기도 한다.

질문

1. 셜록홈즈는 어떤 타입의 과학자인가 혹은 과학자가 아닌가?
2. 만약 코페르니쿠스가 없었다면 현대과학의 모습은 어떻게 달라졌을지 상상해보시오.
3. 기후변화의 모든 과학적 이론과 배경을 모두 이해해야만 기후변화대응 에너지절약을 실천할 수 있다는 사람과, 과학적 지식을 모르더라도 실천하는 사람을 과학 정의를 이용하여 비교하시오.

5. 괴테, 니체, 아인슈타인의 노력

지난 장에서 우리는 코페르니쿠스에서 데카르트, 그리고 뉴턴으로 이어지는 근대과학의 흐름을 얘기하였다. 그들 학설의 진위, 가치 측면이 아니라 다른 시각을 소개하기 위함이었다. 그러면 데카르트, 뉴턴의 동시대, 그리고 이어지는 시대에는 이들의 시각과 다른 생각을 가진 철학자, 과학자도 없지 않았을 듯하다. 예를 들면 괴테(1749～1832), 니체(1844～1900), 아인슈타인(1879～1955)과 같은 과학자들의 노력이 있었다. 아인슈타인의 경우에는 조금 다른 측면이 있기는 하지만, 이는 뒤에 다시 토의하도록 하겠다. 여러분은 혹시 괴테의 색채론(Theory of Color)을 읽은 적이, 혹은 본 적이 있는가? 이 책을 색(color)에 대한 괴테의 문학적인, 시적인 표현으로 알고 구입하면 낭패를 볼 수 있고, 또 단단히 마음먹고 구입했다 하더라도 읽어 내기 결코 쉽지 않은 책이다. 색채론을 제대로 이해하는 사람이 현 시대에 과연 몇 명쯤 있을지도 의문이다. 물론 필자도 깊이 있게, 괴테의 생각대로 이해할 수 있다고 생각지는 않는다. 에크만의 '괴테와의 대화'라는 책을 통해, 괴테는 그의 다른 어떤 책보다도 '색채론'에 대한 자부심이 강함을 알 수 있다. 그는 '파우스트' 혹은 다른 작품이 아닌 '색채론'을 그의 대표작이라고 여겼던 것 같다. 괴테와의 대화에서 또 다른 재미있는 대목이 있는데, 괴테는 그의 일생을 통틀어 작품 활동을 할 수 있었던 동기를 '그의 위대한 유산'이라고 했다. 짐작했는지 모르겠으나, 그의 위대한 유산은 바로 뉴턴(Newton)이었다. 그런데 뉴턴을 존경해서가 아니라, 뉴턴에 대한 강한 반감이 그를 진지하게 생각하게 하고 왕성한 작품 활동을 할 수 있게 만들었다는 것이다. 그렇다면 괴테는 왜 그토록 뉴턴을 싫어했을까? 뉴턴은 획일적인 법칙 혹은 이론(뉴턴의 Mechanical View)을 가지고 자연현상을 인간으로부터 철저하게 분리했으며, 이후 자연 과학자들은 뉴턴의 이론과 법칙을 신봉하면서 물리학적, 수학적 추상 논리에서 인간 내부의 움직임과 인간 정신의 자연과의 연결성을 부정했다고 괴테는 믿었다. 색채이론도 마찬가지이다. 뉴턴은 빛은 스펙트럼을 통해 여러 특성을 가진 다른 분광, 빛들로 분리될 수 있고 빛은 그것을 바라보는 인간과는 별개로 절대적인 성질과 움직임을 가진다고 해석한다. 이것은 현재 우리가 알고 있는 빛이기도 하다. 하지만 괴테는 빛과 이를 관찰하는 결과로 형성되는 색깔은 자연현상과 상황, 인간의 조건에 따라 달라지며, 이 색깔들은 단순한 광학적 물리법칙만으로 설명되지 않는다는 것이다. 색은 물리적 색, 화학적 색도 있지만 인간의 오감과 정신, 마음에 기초하여 우리의 망막에 형성되는 색도 엄연하게 존재한다는 것이다. 아인슈타인의 과학의 정의에 인간의 마음이 포함되어 있음을 한 번 상기해 볼 필요가 있는 부분이다. 괴테는 뉴턴의 미적분학적 자연과학 해석 방법(atomism)에 대해 강한 반감도 보였다. 관찰하여 해석하기 힘든 것을 극단적으로 미세하게 잘라서 분석(analysis : 미분학적 접근)하는 것이 뉴턴의 창의적인 방법(물론 라이프니츠의 미적분학과이 있다만)인데, 이것은 결국 연구 대상을 죽은 대상으로 몰고 가 해석 결과를 만들어낼 수는 있지만 결코 원래의 생기를 가진 대상으로는 되돌릴 수 없다고 믿었다(atomism versus continuity). 물리학자 뉴턴을 존경해오면서 열심히 과학을 공부해왔고, 공부하고 있는 청소년, 학생들에게 실망을 주고자 하는 것은 아니며, 또 뉴턴보다 괴테가 옳다는 확신도 나에게는 없다. 다만 자연, 과학, 자연과학을 바라보는 시각의 다름이 존재하고, 무엇보다 자연과 인간의 연결을 재고해야 하는 시대적 필요성을 우리는 가지고 있음을 강조하고자 한다. 그렇지 않아도 코페르니쿠스 이후 과학적 연구대상인 자연, 생명체를 바라보는 인간이 대상으로부터 분리되는 상황에서 여기에 확고한 이론을 제공한 뉴턴에 대한 괴테의 안타까움을 이번 기회에 한 번 생각해 보고자 함이다.

이해를 돕기 위해 괴테를 조금 더 얘기해 보고자 한다. 왕과 귀족들의 지원 하에 안정적인 생활과 여러 활동을 할 수 있었던 괴테는 어느 날 새벽 편지 한통을 남기고는 이탈리아로 떠났고, 이때 쓴 책이 '이탈리아 기행'이다. 이탈리아 기행이라는 책에는 괴테의 사상뿐만 아니라 지질학, 식물학, 인간에 대한 깊이 있는 사유의 흔적이 고스란히 남아 있다. 괴테의 '식물 변형론(metamorphosis of plant)'이라는 책에서는 식물의 변형을 자연경쟁 혹은 조화를 이용하여 설명하기도 한다. 필자의 생각으로는 다윈(1809～1882)의 진화론도 이 책에서 힌트를 얻은 게 아닌가 의심할 정도이다. 식물 변형의 방향을 복잡화 혹은 단순화로 나누어 설명함으로써, 필자가 보기에는 식물에 대해서는 자연선택론보다 설득력이 강한 면도 있다. 괴테는 문학가이면서 과학자였다. 이후 빛에 대한 광학에도 관심을 보였고, 그 결과가 '색채론'으로 나타났다. 또한 20대에 구상을 시작하여 인생의 말기에 완성한 작품이 '파우스트'였다. 파우스트에는 호문쿨루스라는 복제인간이 오는데, 개인적인 생각으로는 문서 혹은 역사적으로, 과학적 방법(유전자를 언급하진 않았지만 혈액을 언급함으로써 개념적 방법을 이용하여)에 의해 탄생한 복제인간을 언급한 최초의 사람이 괴테가 아닌가 한다. 복제인간뿐만이 아니다. 파우스트 얘기 중에서 한 왕은 가난에 허덕이는 백성을 위해 지금의 국채, 어음 등과 비슷한 개념의 신용화폐를 발행하여 구황하는 얘기도 나온다. 괴테는 경제적 아이디어도 가졌었다. 이것이 괴테의 다양한 작품들을 읽어보길 추천하는 이유이다.

무엇인가를 미워한다는 것은 관심이 있기 때문이다. 물론 두려움도 한 원인일 수 있다. 괴테의 뉴턴에 대한 반감, 위대한 유산이라는 언급은 어쩌면 뉴턴의 과학, 자연 혹은 우주법칙에 대한 존경에 대한 다른 표현일 수도 있다. 하지만 그 놀라운 발견을 이해한 이후에 괴테에게 찾아온 것은 이 위대한 법칙의 발견이 몰고 올 엄청난 여파에 대한 우려였는지도 모른다. 왜냐하면 그 시대 뉴턴이라는 과학자에 대한 다른 과학자뿐 만아니라 정치인(뉴턴도 정치가였다), 그리고 일반인의 존경과 경이로운 시각은 대단했기 때문에 칸트도 별도의 책을 써 뉴턴의 과학법칙을 철학적으로 묘사했을 정도이다. 비슷한 상상을 우리도 이 시대에 할 수 있다. 우리 시대에 DNA가 발견되어 인간게놈지도가 만들어지고, 유전자 변형을 통한 식량, 의료, 에너지 문제 해결을 위한 획기적인 해결책이 제시되고 있다. 이러한 낙관적인 기대는 불안한 미래를 낳기도 한다. 괴테도 비슷했을 것이다. 우리 시대와 다른 점이 있다면, 유전자변형에 대해서는 찬반이 존재하지만 괴테 시대에는 괴테와 비슷한 생각을 가진 사람이 거의 없었다는 것이다. 그럼 괴테가 진정으로 걱정했던 것이 무엇이었을까? 뉴턴의 엄청난 과학법칙의 발견이 가지고 올 첨단과학기술의 발전 혹은 이를 기반으로 만들어질 미래 과학 사회이었을까? 이미 언급된 바와 같이 과학이 인간 정신, 주체로부터 본격적으로 분리되어 존재할 수 있다는 선언이었다고 필자는 믿는다. 과학, 특히 자연과학이 인간 정신의 영역과 분리, 그것도 철저하게 분리되어 존재(칸트의 existence 개념, 혹은 니체, 하이데거의 being개념)할 수 있다는 믿음 혹은 선언(물론 뉴턴이 이를 선언, 선포하지 않았지만)은 괴테를 적지 않게 불안하게 만들었고 결국 뉴턴을 극복해야 할 일생의 목표로 생각하게 된 듯하다. 괴테의 우려는 현대 학문, 대학 아카데미에서 그대로 나타나고 있다. 공학도 이미 자연과학을 그 방법론으로 채택하고 공학적 방법이라 믿게 된 지 오래되었다. 이 뿐만 아니라, 사회학도 사회과학으로, 인문학도 인문과학이라 부르기도 한다. 명칭이 뭐 그리 중요한가 생각할 수도 있지만 우리가 사용하는 언어가 우리의 생각과 가치들과 어떻게 연결되어 있는지를 생각한다면 그렇게 간단하게 생각할 문제는 아니다. 인문학을 인문학이라 부르지 않고 인문과학이라고 하는 것에는 분명한 이유가 있다. 사람의 문제에도 자연과학의 법칙이 적용될 수 있다는 믿음을 근간으로 하기 때문이다. 즉, 자연과 인간 정신의 문제를 동일한 잣대로 잴 수 있다는 것이다. 인문학이 이러한 상황까지 왔는데 공학은 언급할 여지가 없어 보인다. 공학자가 사람의 가치를 공학기술에서 언급하면 '비과학적'이라고 치부된다. 자연과학자가 인간정신적 판단, 인식의 문제를 포함시키려 하면 '신비주의(mysticism)'라는 낙인이 찍힌다. 심지어 철학자, 인문학자들도 괴테를 신비주의로 본 사례가 많다(예, 괴테의 친화력). 잔뜩, 기대를 하고 갔었던 인문학 워크숍에서 괴테를 쉽게 분류, 정의해버리고는 아무런 설명이 없어 당황한 경험이 있다. 자연과학의 출발은 물론 자연을 관찰하는 것으로부터 시작한다. 즉, 자연 속 대상(object)을 객체로 보고 듣고 느껴야 한다. 하지만 잊어서는 안 되는 것이 있는데, 관찰하고 있는 것이 인간이라는 주체라는 것이다. 대상을 객체로서 관찰한 이후에는 이를 느끼고 생각해야 하는 단계에 도달해야 하는데 이때부터는 완벽하게 대상을 객체 단계에 머무르게 하기 힘들다. 여기서 방법론이 나누어지는 것이다. 이 이후 단계, 인지 이후의 단계에서도 철저하게 객관화된 자연과학 법칙으로 해석해야 한다고 믿는 것이 뉴턴이었다. 하지만 아무리 자연과학이라 할지라도 대상이 존재하는 시공간, 대상을 관찰하는 주체, 주체의 인식을 무시하고서는 과학도 존재할 수 없다는 생각을 한 것이 괴테였다는 것이다. 뉴턴의 확정론적인 법칙의 신봉자이면서도, 뉴턴을 넘어서서 괴테의 생각과 닿아 시공간의 주체적 해석을 했던 과학자가 아인슈타인이었다. 물론 이것은 필자의 개인적인 생각이다. 아인슈타인이 뉴턴의 후계자였고 확정론적 물리법칙을 평생 그의 진리로 보았다는 것도 우리는 알고 있다. 아인슈타인에 대해서는 후에 다시 다루도록 하겠다. 괴테 이전, 뉴턴의 과학법칙에 대해 다소 호의적이었던 철학자 칸트도 이 문제에 대한 고민을 하였다. 물론 꼭 뉴턴 때문에 한 것이 아니라 그 시대 철학적 근본 문제였을 수도 있다. 칸트는 그의 책 'Critique of Judgment'에서 인간 정신의 문제를 3가지로 나누어 설명하였다. the Faculty (capacity) of Knowledge, the Faculty of Desire, 그리고 the Feeling of Pleasure and Pain이다. 자연과학의 법칙을 the Faculty of Knowledge로 보았고, 도덕적 인간정신, 선악판단의 문제를 the Faculty of Desire로, 그리고 진실(truth)의 영역을 the Feeling of Pleasure and Pain로 보았다. 우리는 자연에서 대상의 움직임, 변화, 관계 등을 관찰하고 분석하여 일정한 현상, 그리고 이에 근거한 원리, 법칙을 찾아낸다. 이러한 원리를 이용해 우주의 행성궤도를 알아내고 인공위성을 대기권 밖으로 내보내 운행시킨다. 이 과정을 통해 인류가 얻어낸 지식을 칸트는 the Faculty of Knowledge라고 한 것이다. 그의 순수이성비판에서도 이를 카테고리형 지식이라 규정하고 12가지 개념으로 분류한 바 있다. 동양유학에서도 이와 비슷한 설명이 있다. 사서 중 하나인 대학의 '격물치지格物致知'가 그것이다. '사물(事物)'의 '물'은 명덕(밝은 덕)하다라고 하였는데 자연이 만들어낸 '물'은 그 자연스럽고 또한 명쾌한 원리가 있다는 것이다. 자연 사물의 명쾌한 원리를 알아내는 능력이 인간의 첫 번째라면, 두 번째 인간의 능력(capacity, faculty)은 도덕적인 것으로서 어떤 것은 옳은 것이고 어떤 것은 그른 것이라고 판단하는 능력을 가지고 있다는 것이다. 이를 칸트는 도덕이라고 하였는데, the faculty of desire에서의 desire는 욕망으로 해석될 수도 있지만 그 욕망은 진실에 대한 그것으로 볼 수 있다. 첫 번째 능력의 대상은 자연의 사물이었다면, 두 번째 인간능력의 대상은 인간자신의 마음 혹은 인간이 만들어내는 '사업, 일, 프로젝트'이다. 대학의 격물치지의 '물(物)'은 사실은 '사물'인데, '물'은 자연 속의 사물이요, '사(事)'는 사람이 하는 사업인 것이다. 사업, 현상, 상황 등이라는 것인데 이것이 옳은 것인지 옳지 않은 것인지를 판단하는 것은 매우 주관적이며 사람마다, 사회마다, 국가마다, 시대마다 다를 수 있다. 국지적으로 끊임없이 발생하는 전쟁에서 많은 사람들이 희생되지만 어떤 국가, 어떤 사람들은 성전이라고 하고, 어떤 국가의 어떤 사람들은 분노한다. 국내에서도 이와 같은 일들은 드물지 않은데 2014년 여름 우리는 이를 뼈저리게 경험하였다. 그렇다면, 뉴턴의 자연법칙과 칸트의 도덕법칙은 서로 연관될 수 있을까, 아니면 자연과학과 인문학처럼 서로 관계하기 어려울까? 필자는 이런 방향의 질문을 하고 싶다. 이 두

가지가 서로 관계가 있다면 자연과학이 인문학에 영향을, 혹은 인문학이 자연과학에 영향을 줄 수 있을까? 뉴턴은 철저하게 자연과학 지식의 영역을 인간 도덕 능력과 분리하였다. 하지만 괴테는 이 부분에 강한 의문점을 가졌고 평생을 이와 싸웠고 그 노력을 그의 저술 곳곳에 남겼다. 즉, 자연의 대상(즉, 객체)을 관찰하고 현상 속에서 발견되는 원리는 인간의 주체와 무관하지 않다는 것이다. 저녁노을이 붉게 보이지만 그것은 보는 사람의 마음속에 붉은 색이 존재한다는 식의 해석을 하고 있다. 또한 겨울철 내린 눈을 바라보면 보이는 테두리에는 보는 사람(즉, 주체)의 마음에 따라 획일적인 프리즘 분리색이 아닌 심리적 색이 엄연히 존재한다는 것이다. 뉴턴의 법칙, 정확한 계산, 복잡하지만 명확한 물리학 법칙을 공부해온 우리는 쉽게 이해하기 힘든 부분이기도 한다. 하지만, 우리 생각의 각도, 인식의 방향을 조금 다르게 하여 이를 살펴보았으면 한다. 인간은 주위 사람들의 고통과 아픔에 슬픔을 느껴 마음이 흔들리기도 하지만, 그렇지 않기도 한다. 자연의 빛도 색깔도 그러할 수 있다는 것이다. 자연 속 빛은 명확하게 뉴턴의 법칙과 같이 존재하고 움직이는 것이 아니라, 관찰자의 입장에서 달라지고 그 다름도 자연의 빛이라는 생각 혹은 개념이다. 우리 인간도 자연의 일부이다. 자연에서 일어나는 여러 현상, 움직임, 관계 속에서 우리 인간도 움직이고 생각하고 있다. 사람마다 모두 다르게 관찰하고 인식하며 법칙화 하는 과정도 자연의 큰 움직임 속 현상일 수 있다는 것이다. 이를 반대로 바라보면 우리가 알고 있는 자연과학의 확고하고도 명쾌한 원리, 법칙도 사람들이 보기 나름에 따라서는 달라질 수도 있다는 상상을 얼마든지 할 수 있다는 것이다. 이는 곧 이어 다루게 될 니체의 '중력이라는 환영'에서도 언급된다. 너무나 명쾌하여 한 치의 오차가 없다고 믿고 있는 중력의 법칙도 환상일 수 있다는 의심을 니체도, 아인슈타인도 했던 것이다. 이것이 괴테의 능력이고 선지안이라는 것이다. 비단 괴테만이 아니다. 동양사상인 격물치지格物致知(즉, 격'사물'치지)에서도 사람이 만들어내는 '사'와 자연이 만든 '물'을 지극히 알면 통한다고 세기 전에 밝힌 바 있다.

만약 괴테가 이 시대를 살고 있다면 기후변화를 바라보는 그의 시각은 어떤 것일까? 필자는 이런 질문을 우리 자신에게 해보고 싶다.

우리가 최대한 노력하고 절약하되, 살아가기 위해서 사회에 기여하고, 프로젝트를 성공시키기 위해서 에너지를 사용하고, 국가를 위해, 사회를 위해, 가족을 위해 최대한 노력하여 경제활동을 하는 와중에 발생하는 탄소배출은 어쩔 수 없지 않은가? 원시시대로 돌아가거나 전원생활로 돌아가는 것은 오히려 넓은 땅에 흩어져 살게 되므로 에너지나 환경오염측면에서 이로울 것이 없고 오히려 비환경적이다?

우리는 이렇게 살아가고 있고, 필자도 예외는 아니다. 괴테가 다시 현시대에 다시 돌아온다 해도 별 수 없이 이렇게 살아갈 것이다. 혁명을 하여 정신개조를 하여 바꾸자는 얘기를 괴테가 하지는 않을 듯하다. 다만, 외람되게 필자가 괴테를 대변하자면, 자연 속에서 이산화탄소를 포함한 온난화 기체의 움직임과 그 상호작용은 우리 인간의 마음속에서 일어나는 것과 다르지 않다는 것을 얘기할 듯하다. 오염물질을 버려 깨끗하다고 생각하는 우리 집조차 자연의 일부이기 때문에, 우리가 살고 있는 여기가 깨끗해지고 위생적인 것으로 되었다는 생각, 그런 논리는 물질의 원리로 그럴듯해 보이지만, 우리 마음의 법칙으로 돌아와 생각하면 결국 깨끗함, 더

러움의 균형은 어떻게든 전체 속에서 우리에게 영향을 준다는 것이다. 이렇듯 그것이 물질이든 마음이든 동일하다는 것이 괴테의 격물치지이다.

두 번째는 철학자 니체(1844~1900)이다. 니체하면 흔히 차라투스트라, 초인을 떠올린다. 니체의 대표작이기는 하지만, 니체를 좀 더 이해하려면 1881년 니체의 영원회귀 이전의 작품도 감상해보기를 권한다. 필자도 니체의 영원회귀에 대해서는 이해가 낮다. 다만, 이때 니체는 인간 영혼에 대한 깊은 깨달음이 있었다고 한다. 심지어 그때까지 고통스럽게 니체를 괴롭혔던 병도 많이 좋아졌다고 한다. 영원회귀 깨달음 이전의 니체가 집필한 인간의 도덕에 대한 강한 의심을 담고 있는 여러 책들로부터 니체의 인간 영혼의 해방을 위한 의지를 느껴보길 바란다. 영원회귀 직후 니체는 '차라투스트라는 이렇게 말했다'를 썼고, 필자는 그 책에서 '환영과 수수께끼' 장에서 재미있는 구절들을 만났다. 여기서 니체는 모든 진리의 길은 곡선이라고 하였다. 또한 하나의 문에 순간과 영원이라는 문구가 동시에 새겨져 있음도 말한다. 혹시 여러분도 필자와 같이 눈치를 채셨는지? 니체가 이 책을 출간한 것이 1883년이므로, 필자의 생각으로는 10년 이상이 지난 후 한 물리학자는 이 책을 읽고 물리학의 대 이론을 가설했을 듯하다. 물론 필자와 같은 생각을 하고 있는 분을 아직 책을 통해서든 혹은 직접 만나진 못했지만 말이다. 시간의 순간성과 영원성을 동시에 보면서 중력이라는 허상을 지적한 니체는 아인슈타인의 특수 상대성원리를 잉태했는지도 모른다. 필자는 그렇게 믿고 있다. 니체로부터 영감을 얻었던 그렇지 않았던 간에, 아인슈타인은 대학 졸업 후 30개월 정도의 따분한 특허업무 후에 일생의 역작인 3편의 논문을 발표한다. 이 중 하나인 특수 상대성 원리 논문에서 그는 코페르니쿠스, 뉴턴 이후 사물, 생명, 자연을 인간의 관점과 분리시켰던 물리학에 대해, 아이러니하게도 분리시키기 위해 이용되었던 추상 학문인 수학(Mechanistic Mathematics)을 이용하여 재결합(최소한 그렇게 노력)하려고 하였다. 우리가 괴테의 색채론과 마찬가지로 상대성이론을 쉽게 이해하지 못하는 이유는 인간의 정신과 대상을 분리해온 과학시대를 살아왔고 지금도 그렇기 때문일지 모른다.

여러분은 니체를 어떤 철학자로 이해하는가? 신은 죽었다고 주장한 괴팍한 철학자로? 니체에게는 두 명의 스승, 즉 쇼펜하우어(1788～1860)와 바그너(1813～1883)가 있었다. 쇼펜하우어와 직접 만난 적은 없었고, 다만 책을 통해 그의 사상을 흠모하던 중 쇼펜하우어와 개인적인 친분도 있고 쇼펜하우어의 사상을 가진 바그너를 만나 친구이자 스승으로 받아들이다가 이후 바그너와 자주 만나 쇼펜하우어를 얘기하고 서로의 사상, 철학, 음악을 이야기했다. 서른 살의 나이 차이에도 불구하고 그들은 바그너의 별장으로 가 몇 개월을 함께 지내는 등 허물없이 지냈다. 바젤대학에서도 고전문헌학 강의를 포함하여 꽤 인기 있는(즉, 많은 수강생이 있는 수업) 강의를 하기도 했다. 그러나 서로 사랑하는 줄 알았던 연인과의 이별(친한 친구와 떠나버림) 후 니체는 평소에 앓고 있던 우울증이 심해지는 고통을 겪게 되고, 이후 바그너와도 의견, 생각의 차이로 다투게 되면서 이별하게 되었다. 그의 사상이 더욱 깊어지면서 인간도덕에 대한 근본적인 회의를 가지게 되고 '아침놀'을 포함한 영혼회귀 이전 작품을 발표한다. 이 시기 니체는 인간을 속박하는 도덕을 극복하는데 온 힘을 쏟은 듯하다. 사회학자 김덕영이 니체를 망치를 든 철학자로 표현한 이유가 여기에 있다. 1881년 영원회귀를 경험하였다고 니체는 얘기했는데, 이것이 어떤 경험인지 알기 힘들지만 영원회귀 직전, 직후 작품인 '아침놀'과 '차라투스트라'를 보면 어렴풋이 짐작만 할 수 있다. 하나의 문을 열면 다른 문은 닫히는 것인가 보다. 이후 니체는 정신적으로나 육체적으로 힘든 날들을 보내게 되는데, 동생 엘리자베스(훗날 히틀러의 나치당의 초대를 받아 나치의 정신적 지주가 되기도 한다)는 오빠를 바이마르의 집으로 데려와 간병하지만, 결국 1900년 숨을 거둡니다. 니체가 바이마르의 집 2층에서 투병할 때, 그 집 1층에는 독일의 당대 젊은 철학자들이 와 있었다고 한다. 니체의 쾌유를 빌고 또 니체의 사상을 토론하기도 했는데, 그 중에는 루돌프 스타이너도 있었다. 스타이너는 괴테철학의 계승자였는데, 이후 인지학의 실질적인 창시자가 되어 교육학(발도르프(Waldorf)교육), 농업(생명역동농법(biodynsmics), 유기농), 신학, 철학, 의학(동종(homeopathy)의학), 색채학(괴테를 계승하여 훗날 독일 추상주의 화가 칸딘스키로 이어짐)의 이론들을 펼쳐나갔다. 지금의 농업분야, 교육 분야, 예술 분야에서의 대안적 시도는 그 뿌리가 괴테, 니체, 스타이너에 있었던 것이다.

니체가 우리에게 선물한 것 중 또 다른 중요한 것으로 '존재' 개념이 아닌가 한다. 이때의 존재는 칸트의 12개념 중 하나인 존재(즉, existence)가 아닌 'being'으로서의 존재이다. 이를 가장 예리하게 파악하고 해석한 것은 마틴 하이데거(1889～1976)였다. 하이데거는 그의 'What is called thinking(1954)'이라는 책에서 니체의 '존재'는 '생각할 수 있는 상태'라고 정의된다고 하였다. 사람이면 누구나 생각(사유)하기 때문에 사람은 누구나 존재하는 것 아니냐고 반문할 수 있다. 하지만 하이데거가 생각하는 니체의 사상은 다르다는 것이다. 우리가 만약 돈에 눈이 멀어 공부할 때, 장래 희망 직업을 정할 때, 연구프로젝트, 심지어 봉사활동을 할 때도 만약 돈을 생각하고 있다면 공부를 할 수 있는 생각, 장래 희망을 올바르게 정할 수 있는 생각, 프로젝트를 기획하고 실행하려는 생각, 봉사활동을 하는데 필요한 생각을 정작 할 수 없게 된다는 것이다. 오늘 아침 출근할 때 버스 안에서 본 멋진 남자, 혹은 예쁜 여자가 하루 종일 머릿속에서 떠나지 않는다고 하면 우리는 하루 온종일 다른 생각을 할 수 없다는 것이다. 이것이 하이데거가 생각하는 '니체의 존재'의 배경이다. 니체의 차라투스트라(초인)는 생각할 수 있는 존재, 그 이상도 그 이하도 아닌 바로 그 존재라는 것이다. 즉, 니체의 초인은 위대한 사상을 전파하는 슈퍼맨으로서의 초인이 아닌 제대로 된 생각만 할 수 있으면 누구나 될 수 있는 존재인 것이다. 하이데거는 이를 예리하게 간파하고 있다. 동양사상에도 이와 비슷한 사상이 있다. 바로 중용이다. 중용은 '중화용(中和庸')의 준말인데, 중은 마음이 비어있다는, 화는 마음으로 어떤 현상이 들어오면 원래 비어있던 마음이 들어오는 현상과 합쳐 화합한다는, 그리고 용은 일상의 용이다. '화'가 생긴 이후에는 바로 다시 마음이 비워지는 '중'으로 가는 것이 또한 중용이다. 만약 '화' 이후에 그 현상, 영향이 마음속에 머물게 되면 생각은 그로부터 벗어날 수가 없게 된다. 니체의 초인이 될 수 없다는 것이다. 중용의 서양 철학적 해석을 니체가 멋있게 하고 있다.

세 번째는 아인슈타인이다. 너무나 유명한 물리학자라 설명이 필요치 않다. 다만 필자는 아인슈타인의 시간에 대한 관심 측면에 초점을 맞추어 보고 싶다. 어떤 계기로 그는 상대성원리를 생각하게 되었을지 말이다. 그것에 대한 배경설명을 필자는 아직 찾지 못했다. 그가 살던 시대, 대학 등에서는 시간에 대한 근본적 질문들이 있지 않았나 짐작해 본다. 왜냐하면 칸트(1724~1804)의 순수이성비판(1781)에서도 시간, 공간에 대한 질문들을 하는 부분이 있는데 독일 사상의 밑바닥에는 시간에 대한 근본적인 질문이 있었을 것이다. 이러한 호기심 혹은 질문은 니체를 거치면서 과학적 해답을 구하려는 노력으로 연결되지 않았을까 하는 짐작만 한다. 아인슈타인은 신은 인간에게 시간과 공간을 동시에 보여주지 않는다고 믿었던 것 같다. 인간은 시간을 보고 있으면 공간이라는 기본 성질을 간과하게 되고, 공간에 집중하면 시간을 잊어버린다는 것이다. 조금만 생각해보면 우리도 이것을 이해할 수 있다. 하지만 아인슈타인은 공간과 시간을 동시에 보려고 시도했다는 점이 그의 천재성이라는 것이다. 그가 니체의 초인으로부터 힌트를 얻었든 혹은 그렇지 않았든, 그는 공간과 시간을 동시에 보고 이를 과학으로 풀려고 했던 인류 최초의 과학자였던 것이다. 이러한 노력 뒤에는 그의 확고한 고집이 있었다. 사물, 심지어 인간의 사고 또한 특정 법칙(확정론적 법칙)에 의해 설명가능하다는 것으로서, 신은 절대로 주사위를 던지지 않는다는 믿음이 그것이다. 물리학자였던 그는 빛을 입자 혹은 파동 혹은 다른 무엇으로 설명하면서 이견이 있었던 물리학을 하나의 이론, 법칙으로 설명하려고 노력했던 것이다. 이런 면에서 아인슈타인은 앞의 괴테와 니체와는 다른 방법을 택하였다. 방법론적으로 아인슈타인은 뉴턴의 제자였지만(using the mechanical view), 그는 또한 수학적 세상(virtual world) 속에서 시간과 공간을 동시에 볼 수 있으면서도 중력이 존재하지 않는 특이한 차원으로 우리를 초대한다. 이 수학적, 기하학적 세상을 그는 'Geodesic'이라고 명명하였다. 니체도 중력 없는 차원을 언급하였는데, 이것이 필자가 니체의 아이디어를 과학으로 바꾼 것이 아인슈타인이라고 믿는 또 다른 이유이다. 아인슈타인의 가상 세상은 이후 버트란트 러셀, 화이트헤드 등에 의해 철학적으로, 수학적으로 더욱 전개되어 오늘날에 이른다. 하지만 아인슈타인은 대부분의 양자역학자들(보어 등)에 의해 물리학계로부터 소외된 채 말년을 외롭게 보낸다. 양자역학자들의 확률론적 물리학 법칙을 아인슈타인은 인정하지 않았다. 물론 양자역학자들도 '신이 주사위를 던지는지 던지지 않는지 어떻게 아느냐?'며 반박했었다. 빛, 광학이론이 언젠가 밝혀지기까지 누가 옳았는지의 판단은 미뤄둬야 할 듯하다. 2014년 개봉한 인터스텔라에서 크리스토퍼 놀란 감독은 블랙홀 안에서 양자역학 실험결과를 딸에게 보내는 쿠퍼를 통해 무엇을 말하고자 했을까? 필자는 이것이야 말로 말년을 양자역학 물리학자들에게 설움을 당했던 아인슈타인을 재평가하는 장면이라고 생각한다. 물론 영화 속 장면이기는 하지만, 신은 주사위를 던지지 않는다고 믿었던 아인슈타인은 확률개념이 아닌 블랙홀 안의 강력한 중력의 영향을 받는 빛 혹은 모든 현상의 거동이 뉴턴의 법칙으로 해석가능하다는 가설을 했으니까 말이다. 필자가 생각하는 인터스텔라 영화의 백미는 또 다른 곳에 있다. 쿠퍼가 딸에게 양자역학 실험 자료를 보내기 위해 마련된 블랙홀 속 시공간은 어떻게 누가 만들었냐는 것이다. 이것은 시공간을 초월한 어떤 시간대에 존재하는 인류의 사랑으로 만들어졌다는 대사가 나온다. 이 장면을 물리학 이론보다 인간의 사랑이 더 중요하다 한 것이라고 보았다면 이 영화를 너무 단순하게 본 것이 아닐까? 감독의 의도는 인간의 사랑도 결국 물리학 이론으로 설명가능하다는, 즉 자연의 법칙과 인간의 법칙이 분리되어 있지 않다는 것이다. 이러한 물리학적 가설을 영화 속으로 끌고 온 것은 크리스토퍼 놀란 감독의 놀라운 재능인 동시에 엄청난 용기라고 생각한다. 칸트도 그의 순수이성비판에서 자연의 원리, 법칙을 가지는 성질과 인간의 도덕률을 분리하였는데, 놀란 감독은 이 둘이 결코 분리되어 있지 않다는 주장을 하고 있는 것이다. 이미 소개하였지만, 동양사상 중에서도 이와 비슷한 것이 있는데, 대학의 '격물치지'이다. 이는 이 책의 동양사상을 다루는 장에서 다시 언급토록 하겠다. 여하간 놀란 감독의 놀라운 작업 앞에 경의를 표하고 싶다.

질문

1. 뉴턴과학의 찬반을 선택하고 그 선택의 이유를 밝히시오.

2. 자연과학과 인간 행복을 연계시켜 논리적으로 설명하시오.

6. 절대선으로 자리잡아버린 현대과학

"철학자가 문을 열면 과학자는 길을 만들어 간다. 하지만, 문을 열어 달라고 철학자에게 요구한 것은 과학자였다."

나치의 전범인 아돌프 아이히만(Adolf Eichmann)이 체포되어 재판을 받던 중 간수가 아이히만에게 소설책을 주었다고 한다. 소설책(Lolita)에서 남녀 간의 사랑이 다소 강하게 묘사되었다고 하는데, 아이히만은 책을 읽은 후 책이 불순하다고 하면서 불쾌해했다. 유대인에 대해 반인륜적 학살을 행했던 그가 남녀 간의 애정 에피소드에 불건전하다는 평을 하고 불쾌해했다는 것이다. 여러분은 혹시 김남주 시인의 '어떤 관료'라는 시를 읽어 본 적이 있는지? 이 시를 통해 김남주 시인은 평생 근면하고 정직하게 관료생활을 한 사람은 시대가 일제 강점기이든 5공화국이든 국민의 정부이든 관계없다는 것이다. 그/그녀는 늘 착실하고 사회와 국가를 위하고, 가정에서는 누구보다 따뜻한 가장일 수 있는 것이다. 아이히만도 그의 가정, 그의 친지들에게는 믿기 힘들지만 더 없이 평범하고 착실한 사람이었다고 한다. 오랜 세월이 흘러 우리의 아들, 딸들이, 아빠, 엄마는 그 시대 왜 그런 결정에 묵묵부답으로 간과했냐고 혹은 그런 정책에 기여했냐고 비난한다면 우리는 어떻게 변명할 수 있을까? 오늘 우리 주위를 살펴보면서 그런 문제, 이슈가 있는지 생각해 보아야하지 않을까? '철학적 시 읽기의 즐거움'(2010, 도서출판 동녘)에서 강신주는 '사유(thinking)' 없이 살아가는 우리들의 모습에 대해 일침을 가하고 있다. 우리는 어쩌면, 전 장에서 얘기했었던 '정신과 대상의 분리' 이후 다시 정신의 포기 시대로 넘어가는 것은 아닌지 모르겠다(사유 없는 이데올로기).

다시 한 번 더 영화 매트릭스로 돌아가 보자. 키아누 리브스는 실제 세상이 아닌 가상의 공간에서 의자를 만지려고 하는 장면이 나온다. 만약 우리가 키아누 리브스와 같이 그런 가상의 공간, 시간 아카이브 속에서 경험을 한다면 진정 우리에게 실체는 무엇일까? 꿈에서 깨어난 세상이 실체인지, 꿈속의 세상이 실체인지 분명히 혼란스러울 수밖에 없다. 매트릭스 영화에서 가상의 공간 속에서 부상당하고 죽기도 하니까 말이다. 필자는 이 영화를 보고난 후 워쇼스키 감독의 철학적 깊이 혹은 시공간을 바라보는 시각이 궁금해지기도 했다. 혹은 그 영화의 원작이 그럴 수도 있다. 실체(reality)와 존재(being, existence)는 어떻게 다른 것일까? 우리의 몸(body)은 실체일까, 존재일까? 그럼 정신, 마음은? '기후변화', '지구온난화'는 실체일까, 존재일까? 일상에서 실체, 존재의 논의가 과연 필요한가, 여러분은 반문할 수 있을 것이다. 아래 언급되어 있는 칸트의 정의와 함께 몇 가지 예를 들어 생각해 보도록 하자. 광화문 역사박물관 옆에 가면 '인디스페이스'라는 영화관이 있다. 필자도 가끔 이 영화관에서 영화를 본다. 만약 인디스페이스에서 영화를 한 번도 보지 않은 사람들에게 이 영화관은 실체일까? 비록 여러분이 이 영화관에서 영화를 한 번도 보지 않았다 하더라도 소문을 들었을 수도 있고, 버스를 타고 가다가 영화관 광고판을 보았을 수도 있으며, 인터넷 광고를 봤을 수도 있다. 즉, 그럼에도 불구하고 실체이다. 하지만 여러분에게 존재(it does exist)했었다고 보기는 힘들다. 여러분은 그 영화관 혹은 그 영화관에서 일하는 사람, 인디영화를 만들어 그 영화관을 통해서 여러분과 만나고 싶었던 연출가, 작가, 배우들과 만나서 어떤 교감도 가지지 못했기 때문이다. 영화관은 여러분에게는 존재하지 않는 것이다. 장자는 꿈에서 깨어난 후 자신이 꿈에서 나비가 된 것인지, 나비가 지금 꿈을 꾸고 있는 것인지 헷갈린다고 하였다면, 장자에게 나비는 실체는 아니나 엄연한 영향을 미치는 존재(existence)인 것이다. 2014년 봄 아현고가도로가 철거되었다. 뉴스에서 이 얘기를 듣고서야 필자는 아현고가도로라는 것이 있다는 것을 알았다. 나에게 아현고가도로는 그동안 존재하지 않았던 것이다. 지금은 없어졌지만 종로에 '단성사'라는 영화관이 있었다. 대학시절 이 극장에서 여러 영화를 봤고 필자의 기억, 추억 속에 단성사는 뚜렷이 남아 있다. 즉, 단성사는 이제 실체는 아니지만 여전히 존재하는 것이다. 최첨단 재생가능에너지 생산 반응조에 활용되는 어떤 나노입자가 있다고 가정해보다. 그럼 이 나노입자는 그 에너지를 사용하는 사람들에게 실체일까, 존재일까? 우리에게 원자력발전은 실체일까, 존재일까? 우리에게 4대강 사업으로 변한 한강의 여러 '보'들은 실체일까, 존재일까? 유전자변형 옥수수 사료로 키워진 소로 생산된 햄버그를 여러분이 사먹고 있다면 그 변형된 유전자는 여러분에게 실체일까, 존재일까?

실체와 존재 정의

실체(reality)는 칸트의 12개 카테고리 지식 중 하나로서, 우리의 오감으로 감각가능 한 대상으로 정의된다. 존재(existence)는 역시 칸트의 12카테고리 지식 중 하나이며, 주체에 영향을 미칠 수 있는 모든 것으로 정의된다.

키아누 리브스가 간 가상의 시공간은 실체는 아니지만 엄연히 존재한다. 그 속에서 죽을(즉, 영향을 받는) 수도 있다. 영화 속 한 캐릭터는 가상공간에서 부자로 살아가게 해 달라고 부탁하기도 한다. 소위 실제 시공간에서는 머리 뒤에 컨트롤 라인이 연결되어 있는 시체와 같은 사람이지만 그는 가상공간에서 부자 한량으로 살아가기를 원한다. 이미 우리가 논의한 액체근대 속 쇼핑하는 개인으로서의 우리, 스마트폰으로 세상과 소통하고 있다는 믿는 우리의 모습과 크게 다르지 않다. 그것이 존재의 실상이 아닐까? 이런 이유에서 매트릭스 영화는 단순한 블록버스트 영화 이상이다. 2014년 영화 'Her'에서는 테오도르라는 주인공(대필 작가)은 컴퓨터 OS 사만다(스칼렛 요한슨의 목소리)와 사랑에 빠진다. 이 영화를 보고 있으면 테오도르와 사만다의 사랑(사람과 컴퓨터 프로그램간의 사랑)이 그렇게 이상해 보이지 않지만, 이 또한 우리는 실체와 존재에 대해 다시 한 번 생각하게 한다. 꼭 영화가 아니라도 관계없다. 우리가 어제 하루 동안 대부분의 시간을 컴퓨터 게임을 하면서 지냈다면 어떤 경우인가? 이것은 실체는 아니지만 게임을 한 사람에게는 존재했던 것이다. 영향을 주고받은 것이다. 우리가 살고 있는 현대사회에는 이런 존재들이 많다. 신용경제, 항공 마일리지, 신용카드 포인트도 예이지만 엄연하게 말하면 돈이라는 것도 마찬가지이다. 필자가 경제학에는 당연히 문외한이지만, 경제에는 특히 이런 실체 없는 존재들이 많은 것 같다. 우선 허울뿐인 금본위제에 근거한 달러가 있고, 우리의 은행거래 신용, 주식거래에 이용되는 신용, 부동산의 가치 등이 그렇다.

그럼 기후변화는 실체, reality일까 아니면 존재, existence일까? 여러분은 너무 빨리, 쉽게 답하지 말고 몇 시간 혹은 며칠을 곰곰이 생각해 보기 바란다. 2014년 여름과는 달리 2013년 여름은 유난히 더웠다. 원전비리와 맞물려 전력위기도 한 몫을 한 듯하다. 한결같이 안전하다는 사람도 있고, 바다 너머에서는 바다로 방사능 물질을 오염시키는 사람도 있다. 그 곳에도 원자력 전문가들이 당연히 있을 것이다. 일본 제품을 신뢰하던 세대의 사람들은 이제 일본보다 우리의 원전이 안전할 것이라는 편리한 논리로 배를 옮겨 탄 듯하다. 논리를 이어가다보면 일본을 덮치고 원자력발전소를 망친 쓰나미도 지구온난화로 원인이 귀결될 것 같기도 하다. 여러분은 지난여름 유난스런 더위가 지구온난화의 결과라고 생각하시는지? 필자는 정말 몰라서 여러분께 묻고 있는 것이므로 다른 오해는 마시길 바란다. 하지만 분명하게 필자가 말할 수 있는 것은 기온이 상승했다는(혹은 '지구온난화') 실체와 '지구온난화 위기'라는 개념은 우리가 분리하여 사용해야 한다는 것이다. 실체가 없는 존재가 이상하게도 대부분의 경우, 그 위력이 대상(object)이 있는 존재보다 클 수 있기 때문이다. 과학 분야, 경제 분야 그리고 정치 분야에서도 그렇다. 사람들을 설득하는 기술을 정치라고 정의하면 이 기술은 정치 분야뿐만 아니라, 경제에도 과학에도 필요하다. 과학에도 정치가 필요하다는 것이다. 과학은 순수해야 하므로 정치적이면 안 된다? 정치는 순수할 수 없다고 생각하는 것은 아닌지? 아니면 혹시 정치인을 정치로 생각하고 있는 것은 아닌지? 현 시대를 살아가는 우리에게 이제 많은 것이 혼란스럽다. 지구 한편 사람들이 배가 고프고 병이 들고 고통 받아도 이런 문제는 지구 전체의 이슈가 되지 않고, 왜 유독 지구온난화만은 온 세계가 걱정하고,

소위 강대국이라는 미국, 일본, 독일의 대통령, 수상들이 강조하면서 연설 때마다 언급할까? 이것은 존재감이 다르기 때문이다. 정치(즉, 사람들을 설득할 수 있는)논리를 가지고 있기 때문일 것이다. 식량문제가 생겨도, 쓰나미가 와도, 폭염으로 전력난이 와도, 수질오염문제가 생겨도, 이 문제 저 문제 위기들에 이슈의 이름만 지워도 성립되는 해답이 지구온난화 아닌가. 여러분은 중세 마녀사냥이 연상되지 않는지 묻고 싶다. 전쟁 이후 설 자리가 없어진 남성위주의 의사(수술위주의 의술에 전통한)들이 전쟁 때 마을 사람들을 음식, 약초, 예방 등으로 치료해주었던 여성 의사들을 몰아내기 위해 만든 '마녀'라는 실체 없는 존재 말이다.

14세기 사람들은 천문학의 시대를, 15~16세기 사람들은 물리학 법칙의 시대(i.e., Age of Mechanical View)를, 19세기 사람들은 사상과 법칙의 시대를, 20세기 사람들은 전쟁과 제국주의, 식민주의, 금 본위달러, 신용의 시대를 살았다면, 21세기의 우리는 지금 에너지와 기후라는 이데올로기 시대를 살고 있는지도 모른다. 그렇다면 지구온난화라는 이슈가 자연과학인지 이데올로기인지 생각해 보았으면 한다. 이 질문에 대답하려면 먼저 과학과 이데올로기가 무엇인지 정의해야 한다.

과학과 이데올로기

아인슈타인은 과학은 조건 없는 자유로움으로 만들어진 개념(concept)과 아이디어(idea)로 가득 차 있는 마음의 상태(state of mind)라고 정의한 바 있다. 물론 아인슈타인의 정의를 우리가 굳이 믿을 필요는 없겠지만, 과학이 무엇이라는 정의를 한 과학자가 그렇게 많지 않고 찾기 쉽지 않다. 만약 아인슈타인의 정의를 우리가 받아들인다면, 과학은 물질의 학문일 뿐만 아니라 마음의 학문이 되는 것이다. 이는 심리학만을 두고 말하는 것은 아니며 마음의 상태는 사회학, 인문학 등에서 공히 발견된다. 그런데 문제는 또 있다. 아인슈타인의 정의를 이해하려면 자유(freedom), 개념(concept), 아이디어(idea)의 정의는 또 무엇인지를 알아야 한다. 끝이 없지만 이번 장에서는 우선 자유, 개념, 아이디어는 어느 정도 우리가 알고 있다고 가정했으면 한다. 그 만큼 과학이라는 주제가 쉽지 않다. 인문학, 사회과학 하시는 분들 입장에서는 과학 혹은 공학하는 사람은 이러한 문제들에서는 깊은 생각 없이 연구한다고 볼 수도 있지만 꼭 그런 것은 아니다. 과학을 연구하고 이것이 인간 사회에 어떻게 적용될 수 있는지를 생각하는 것은 인문학, 사회과학과 크게 다르지 않습니다. 즉, 인문학, 사회과학을 하기 위해 때로 과학적 방법이 필요하듯이, 과학연구를 하면서도 가치와 지식의 개념으로 변하는 부분에 관심을 가지는 것은 당연한 수순인 듯하다.

깊은 정의는 다음 기회로 미루었지만, 개념과 아이디어의 구별은 간단하게라도 해야 할 듯하다. 개념은 경험 안, 즉 In(~안에서)의 지식이고, 아이디어(이데아, IDEA)는 경험에 기반하되 경험 내에서가 아니라 경험 밖에서, De(= from)의 지식이라는 차이가 있다. 귀납(induction)과 연역(deduction)의 차이이다. 많은 연예인, 예능인들이 개념(concept)을 잡는다고 표현하는 것은 아마 캐릭터를 두고 한 말이 아닌가 생각하는데, 단어의 의미 차이는 분명 있다. 언어, 말, 단어에 대해서는 책의 후반부에 촘스키, 스키너, 데리다의 생각들을 가지고 공부해 보기로 하겠지만, 언어와 말도 우리의 오랜 일상으로부터 생기는 현재의 객관화라고 본다면 말과 언어를 너무 한정되게 규정하는 것이 꼭 옳은 것일까 하는 의문이 든다. 개념은 경험의 결과로 만들어진다. 자연을 관찰하고 사람의 행동,

말 그리고 일상에서 일어나는 사건, 상황들을 우리의 감각을 이용하여 관찰하는 것으로부터 출발한다. 관찰의 결과는 직관 등에 의해 우리에게 '상(이미지)'이 생기고, 이를 분석, 생각하고 이해함으로써 만들어내는 것을 개념이라고 한다. 지리산을 등반하면서 지리산의 험난함과 아름다움을 경험하고 이를 직관, 분석, 생각, 이해하여 '지리산은 서로 다른(즉, 이(리)異) 여러 지혜(즉, 지智)를 담은 산이다'라고 한 것도 개념이다. 개념은 반드시 과학적이어야 하느냐의 질문은 기후변화와 예술을 다루는 장에서 다시 설명하도록 하겠다. 이렇듯 개념은 우리가 하루의 일상 속에서도 끊임없이 만들어내는 것이다. 개념과 달리 아이디어는 경험(과학적, 공학적 경험)에서 개념을 만들 때 사용했었던 원리(principles, laws)를 이용하여 경험 밖의 지식으로 만들어진 것이다. 이러저러한 경험을 통해서 논리적으로 짐작하건데 이런 지식이 사실인 것 같다는 식으로 말이다. '빛의 여러 성질과 중력의 법칙(경험 법칙)에 근거하여, 아인슈타인은 큰 질량을 가진 물체를 지나는 빛은 휜다'라고 한 것은 아이디어의 한 예이다. 이것은 후에 증명된다. 아이디어를 만드는 과정에서 과학적, 공학적 경험, 원리도 중요하지만 개념과는 다르게 '믿음(belief)'이 역할을 하게 된다. 그것이 사실, 진실일 것이라는 믿음이다. 이를 우리는 도그마(dogmatic knowledge)라고 하는데, 도그마는 경험, 원리뿐만 아니라 믿음으로 이루어진 것이다. 혹시 믿음이 과학이냐고 반문하고 싶은가? 이 물음에 대해서는 아인슈타인에게 하셔야 할 듯하다.

지구공동체 속에서 하루, 일 년, 한 시대에 만들어지는 개념적 지식, 아이디어 지식이 몇이나 될까? 그리고 그 근간을 이루는 원리, 법칙, 믿음은 또 얼마나 될까? 과학적, 공학적 혹은 정치적 진리에 대한 믿음들이 모여 이데올로기를 형성한다. 자본주의, 사회주의가 그렇고 과학적 환원주의, 확정론적 물리학, 진보와 보수가 그렇다. 그렇다면 기후변화 그리고 지구온난화는 과학일까 혹은 이데올로기일까?

질문

1. 오바마는 한 연설에서 "지구는 둥글다, 중력은 존재한다, 지구온난화는 일어나고 있다(climate change is real)"라고 하였다. 이 문장에 기초하여 오바마의 과학적, 철학적 사고와 판단의 정체성에 대해 토론해 봅시다.

2. 여러분 마음에서 떠오르는 실체 3가지를 골라, 이 실체가 우리가 살고 있는 지금 과연 존재하고 있는지를 설명, 토론하시오.

7. 기후변화 자연과학

기후변화, 지구온난화는 이를 특징적으로 대표하는 실체가 있고 존재가 없는 것인지, 실체 없는 존재인지 결정하는 것은 우리 각자의 몫인 듯하다. 이 시대, 한국이라는 장소와 시간 속에서의 많은 대상, 현상들, 이슈 중의 하나일 뿐이다. 다만 이 기후변화는 국가, 이념, 전공, 철학과 가치를 벗어나 인류 일반의 관심사라는 것에는 이견이 없다. 영화감독이 한 영화의 다양한 시각을 배우의 연기, 사건을 다른 각도에서 촬영하여 '숏(shot)'을 모으듯, 기후변화도 마찬가지이다. 이번 장에서는 기후변화의 자연과학 분야에 대한 지식과 이해를 가져보려고 한다.

기후변화의 주원인이라고 믿는 온실가스에 대해 먼저 알아보겠다. 먼저, 온실가스(greenhouse gas)인 이산화탄소, 수증기, 메탄, 아산화질소(N_2O) 등이 지구온난화를 일으키는 이유는 무엇일까? 이 온실가스들의 공통점을 보면 3개 이상의 원자로 이루어져있다는 것이다(예 : CO_2, H_2O, CH_4, N_2O). 산소, 질소 등과 같이 2개의 원자를 가진 가스들보다 3개 이상의 원자를 가진 기체가 열, 즉 에너지를 가질 수 있을 능력은 클 수밖에 없다. 원자와 원자사이의 결합은 떨림, 수축, 회전 등 갖가지 형태의 에너지 흡수현상을 보인다. 온실가스들이 지구대기를 둘러싸고 담요역할을 해주기 때문에 지구가 지금의 온도를 유지하고 있다. 만약 수증기와 이산화탄소가 없다면 기온은 지금보다 훨씬 낮을 것이다. 온실효과는 수증기가 이산화탄소에 비해 크지만 수증기는 균형이 바다를 통해 이루어지므로 인간의 활동과 무관하고, 이산화탄소는 인간 활동과의 영향이 상대적으로 크기 때문에 이산화탄소가 지구온난화의 주범인 것으로 느껴진다. 아무런 다른 언급 없이 기후변화라고 표현할 때는 인간 활동에 의해 변화되는 기후를 의미하기 때문이다. 인간 활동에 의해 방출되는 이산화탄소가 미래의 지구기온에 심각하게 영향을 미칠지는 어느 정도의 공감은 있지만 일부 이견이 있음도 무시할 수 없다. 이것은 과거의 지구상황을 보면 이해할 수 있는데, 빙하기와 간빙기 등을 거치면서 기온은 오르내림을 반복해 왔었지만 지구의 기후, 기온이 어느 정도 안정된 이후의 시대 중에서 이산화탄소의 양이 지금처럼 높아진 시기는 없었다. 수증기처럼 이산화탄소도 효과적으로 지구온도를 올릴 수 있을지는 아직은 확실한 이론이 없다. 즉, 초기 지구처럼 극단적으로 높은 이산화탄소의 양이 아니라, 지금보다 약 2배 정도로 높아졌을 경우에도 지구온도가 심각할 정도로 올라갈지에 대한 이견이 있다는 점이다. 지금 확실한 것은 대기 중 이산화탄소 농도가 오르고 있다는 것과 우리가 감지할 수 있을 정도의 이상 기후현상이 지구상에서 빈번하게 일어나고 있다는 것이다. 금성이나 초기 지구(선캄브리아기)의 대기 조건에서 일어나는 것과 같은 매우 높은 이산화탄소의 양에 의한 극단적인 온도상승이 과연 400～900 ppm 정도의 이산화탄소 농도에서도 유사하게 일어날 것인지는 여전히 불확실하다. 현재 지구

단위면적당 태양복사열은 240 W/m^{2}으로서 이 양은 일정하다. 그런데 이산화탄소와 같은 온실가스층이 팽창하게 되면 상대적으로 낮은 온도를 갖고 있는 높은 층에서 대기권 밖으로의 열 방출이 일어나 240보다 낮게 방출된다. 즉, 열균형이 깨지고 순수흡열이 일어나는 것이다. 이 불균형을 원래대로 되돌려놓기 위해 하부층인 지표면 쪽으로 열을 줌으로써 열방출 높이를 낮추고, 원래대로 240 방출을 유지하게 된다. 이로 인해 지표면 온도는 상승하게 된다. 이 관계는 지구온도상승의 영향을 온실가스로만 설명할 때이다. 하지만 온실가스 외에 다른 영향들이 있음을 또한 이해해야 한다.

현재를 좀 더 효과적으로 잘 이해하기 위해 우리는 과거를 본다. 또한 과거를 이해하기 위해 현재를 이용하기도 한다. 지금 우리는 1만 년 전에 시작한 홀로세 시기에 살고 있다. 홀로세는 지구의 긴 과거 속 여러 기간과 비교하여 어떤 점이 다를까? 가장 큰 특징은 기후, 기온 등이 매우 안정되어 있다는 점이다. 35억 년 전(선캄브리아기) 지구를 비추던 태양은 지금의 태양과 비교하여 작은 태양이었다. 지구에 도달하는 복사에너지가 지금의 4분의 1 정도였다고 한다. 그런데 지구 평균기온은 38도씨로 지금보다 훨씬 높았던 이유는 대기 중의 산소는 극소량 존재하고 대신 이산화탄소, 메탄, 암모니아 등 온실가스의 양이 엄청나게 높아 초온실효과 영향 하에 있었다. 약 20억 년 전부터 2가 금속인 철, 망간 등 환원광물의 영향으로 산소가 형성되고, 산소는 오존으로 변환되면서 대기에 의한 자외선 차단현상이 일어났다. 자외선이 차단되면서 생물이 탄생하고, 생물이 지구상에 생존하면서 탄소가 고정되는 화석, 그리고 지구라는 큰 생명체(가이아 이론)의 활동이 시작되었다. 식물, 플랑크톤 생물들은 이산화탄소의 탄소가 필요하고(대기 중 이산화탄소의 감소) 이산화탄소의 변화는 지구 대기온도를 변화시키게 된다.

하지만 지구생명체, 가이아의 탄생으로 지구 기온이 안정화되기는 아직 일렀다. 불안정한 지구는 대륙이동, 화산분출(화산분출로 인한 광물의 해수유입은 이산화탄소 방출 효과) 등을 겪게 되었다. 지구 기온의 근원인 태양이 여전히 커지고 있었고, 또한 태양궤도, 지구공전궤도, 지구 적도축 진동 등의 영향으로 지구 기온은 요동치고 있었다. 공룡이 존재했었던 1억 년 전(백악기) 지구는 기온이 요동치는 불안정한 시기였다. 이 시기 지구평균온도는 지금보다 훨씬 높아 지금보다 해수면이 약 60 m 이상 높았고 육지도 지금의 30% 정도밖에 되지 않았다. 1억 년 전 이후의 한 가지 뚜렷한 특징은 1억 년 전부터 1만 년 전까지, 지구의 기온은 뚜렷하고도 꾸준하게 감소하고 있다는 사실이다. 16～18만 년 전부터 지구는 안정화되기 시작했다. 플라이스토세의 시작이다. 이후에도 2천 3백년 주기(지구와 태양 근일점 변화), 4만년 주기(지구 자전축 기울기변화(21.6～24.5°) 영향), 10만년 주기(지구공전 타원궤도 영향)를 가진 빙하기, 간빙기 등을 지구는 겪지만 이전 시대와는 확연하게 다른 기온의 안정기를 맞이하게 되었다. 이후 지구 기온은 비교적 안정된 형태의 오르내림을 반복했다. 대기 중 이산화탄소의 변화와 온도변화를 동시에 그래프로 나타내보면 그 오르내림의 패턴이 유사하다는 것을 알 수 있다. 약 5천 년 전부터는 온도가 꾸준하게 상승하고 있는데, 이는 오르내림의 한 시기라고 할 수도 있다. 다만 걱정을 하는 이유는 지금에 이르는 5천년 동안 약 5도씨가 상승(100년 평균 0.1도씨 상승)했는데, 최근 100년 동안 약 1도씨 정도가 상승했다는 점이다. 즉, 상당히 빠른 속도로 상승하고 있다는 것이다. 그리고 기후변화 과학자들 중 다수가 이 상승속도가 더 빨라질 수 있다는 예측을 하고, 그 이유는 인간 활동에 기인한 이산화탄소의 대기 중 농도 증가라는 것이다.

제5차 IPCC보고서에서 2100년 기준 이산화탄소농도는 936 ppm, 온도는 3.7℃ 오르는 최악의 시나리오를 예측하였다. 즉, 온실가스 배출 노력을 전혀 하지 않고 지금과 같은 이산화탄소 배출을 지속했을 경우에 일어나는 시나리오(RCP 8.5 : Representative Concentration Pathways)이다. 평균 온도상승 3.7℃가 오르면 지구와 인류에 어떤 일이 일어날까? 온실가스증가에 의한 기후변화 이론을 지지하는 자연과학자들도 만약 3.7℃만큼 기온이 상승하면 인류의 멸망을 피할 수 없다고 믿는 것은 아닐 것이다. 과거의 여러 극한 기후 속에서도 인류는 나름의 생존 전략을 가지고 살아온 경험이 있기도 한다. 많은 자연과학자들이 생물다양성의 중요성을 얘기하지만 생물의 영장인 인간은 호모사피엔스라는 단일 종(species)으로 이루어져 있어 생물다양성의 가치를 무색케 한다. 딱정벌레는 수만 종의 다른 종이 존재하지만, 인류는 단일 종으로도 생존 가능했다는 어쩌면 생물생존에 대한 극한적인 예외를 보여줌으로써 강력한 생존 잠재력을 반증하기도 한다. 기온이 상승하면 지구상의 생물(동물, 식물, 미생물 등)에는 엄청난 변화가 일어날 것이다. 많은 생물들이 멸종할 수도 있다. 기온이 상승하여 적합한 조건이 아닐 때 식물은 어려움을 겪는다 하더라도 새와 같이 이동이 용이한 동물들은 빠른 시일 내 적응할 것 같은데 왜 생존에 어려움을 겪는지 의아할 수 있다. 하지만 새나 포유류 등도 서식할 숲이나 주 먹이사슬 속 모든 생물들이 빠른 이동을 하지는 않으므로 어려움을 겪는 것은 마찬가지이다. 기온이 상승하면 바뀐 기후가 가져다주는 환경 속에서 생존하는 정도에 따라 생물의 종이 바뀌기도 하고, 다양성이 줄어들기도 한다. 긴 지구의 역사를 보면, 늘 이러한 변화가 있어 왔고 급격한 기온변화를 겪기도 하였을 것이다. 이때 순간적으로는 생물다양성이 줄어들지만 또 다른 안정기가 오면 그 환경에 적응한

주 생물종을 중심으로 하여 새로운 생물다양성 패턴이 만들어진다. 즉, 긴 시기를 고려한다면 인간 활동, 산업 활동 등에 의한 이산화탄소를 포함한 온실가스의 증가세도 둔화될 것이고 환경변화도 새로운 안정 국면을 맞을 것이다. 새로운 환경에 적응한 생물 주요 종을 중심으로 새로운 생물 다양성이 형성될 수도 있다. 섬과 같이 고립된 지역을 중심으로 생물다양성을 연구한 생태학자들은 생물종 다양성 감소는 섬 면적의 제곱에 반비례한다고 주장한다. 하지만 경험경제학자들은 섬을 예를 들어 연구한 생태학자들의 주장에 반대한다. 섬이 아닌 지역에서는 새와 같은 생물의 서식지의 감소가 면적에 기반한 감소예측값보다 훨씬 적다고 반박하였다. 상대적으로 짧은 시기 동안의 보이는 멸종만이 전부가 아니라는 것이다. 보이지 않는 생물생존전략, 미생물 영향, 생물의 장기적인 환경적응 등을 무시해서는 안 된다는 것이다. 인간은 이러한 영향에 특유의 생존에 대한 강력한 잠재력을 지니고 있을 수 있다. 단일 종으로 과거의 어려운 기후환경 속에서도 현재까지 생존해왔고 어려움이 생길 때마다 해결책을 찾아냈기 때문에 지금의 인구문제, 식량, 에너지문제에 대해서도 또 다른 대안을 찾아낼 것이라는 것이다. 이런 질문을 해 본다. 가격이 100만원인 냉장고와 200만원인 냉장고가 있는데, 품질과 성능은 비슷한데, 200만원 냉장고는 에너지효율이 훨씬 우수하여 전기사용량이 적다. 전기료가 그렇게 비싸지 않기 때문에 월전기료 차이는 약 5천 원 정도라고 하면, 이때 여러분은 어떤 냉장고를 구입할 것인가? 비슷한 디자인을 가진 휘발유 자동차와 전기자동차의 가격이 각각 천만 원과 3천만 원이라고 한다면 여러분은 지구온난화 문제를 절박하게 인식하기 때문에 200만원 냉장고, 가격이 3천만 원인 전기자동차를 구입할 용의가 있는지? 인류가, 에너지소비, 생활방식의 큰 변화 없이 지금처럼 살면서 닥쳐올 기후변화

시대를 적응하는 방법을 택할지, 아니면 에너지 사용과 에너지 생산 방식, 자동차, 생활 등을 획기적으로 바꾸는 불편함을 감수하고 기후변화 자체를 막을 수 있는 방법을 택할지의 선택은 이미 결정되어 있을지도 모른다. 2100년까지 3.7℃만큼 기온이 올라도, 해수면이 60 cm 만큼 상승해도 큰 어려움 없이 살아갈 수 있다는 확신을 가지고 있는 많은 국가, 그런 국가들에서 살고 있는 사람들은 이미 마음의 결정을 했는지도 모른다. 기후변화가 정말 절박하지 않을 수 있다. 설사 온실가스 배출을 최소화하는 에너지정책을 펼치는 국가도 기후변화시대의 경제 논리 속에서 경쟁력을 갖추려는 것인지 혹은 기후변화자체를 염려한 결정인지는 많은 부분 짐작할 수 있다.

만약 이 책을 읽고 있는 분들 중에서 기후변화, 지구온난화는 인류의 절박한 위기라고 믿는 사람이 있다면, 이러한 세상의 생각들 속에서 어떤 해결책과 설득의 방법을 인류에게 제시할 수 있을까? 또한 그 해결방법들은 자연과학 속에 있을까? 아니면 사회과학, 인문과학 속에, 아니면 예술의 영역 속에 있을지 고민하지 않을 수 없다. 많은 자연과학자, 기후변화 과학자들은 여전히 필자와 다른 생각을 가지고 다른 해결방법을 내놓고 있다. 그래서 이 책은 기후변화 논리의 새로운 시도라는 것이다. 기후변화의 수많은 증거들이 있음에도 지금까지 세상의 가치와 그에 걸맞은 행동의 변화가 없었다면 한 번쯤 우리는 과연 누구일까 생각해 봄직하다는 것이다. 더 가치 있는 시도라는 뜻이 아니라 다르다는 것이다. 이미 수차례 얘기하였듯이 경험을 넘어서 만들어내는 진정한 아이디어만이 새로운 세상을 만들 수 있는 유일한 길임을 개인적으로는 믿고 싶다.

조금은 다른 상상을 한 가지 해보았으면 한다. 만약 인류가 단일

종(species)으로만 이루어져 있지 않고, 다른 종도 존재하고 있다는 상상 말이다. 예를 들어, 과거 멸종한 것으로 알려진 크로마뇽인류(우리는 네안데르탈 인류이다)가 지금도 현존하고 있다면 상황은 어떨까? 인류는 늘 인간을 제외한 동물, 미생물, 식물의 다양성만을 얘기해 왔지 인류종 자체의 다양성은 생각하고 상상하지 않는 듯하다. 황인, 흑인, 백인을 얘기하는 것이 아니라 인류종을 의미한다. 인류는 호모사피엔스 한 종으로 이루어져 있으니 말이다. 만약, 지금 인류와 같이 언어로 소통하지 않고 텔레파시로 소통할 수 있는 다른 인류 종(크로마뇽일 가능성이 있다)이 지구에 같이 살고 있다고 가정해보겠다. 상황은 이러하다. 일부 시도가 있기는 하지만 인류가 침팬지, 새, 바닷물고기와 대화하고 소통하기 위한 노력은 거의 하지 않는다. 다른 인류종이 여전히 생존하고 있어 우리 인류종이 이해할 수가 없는 텔레파시를 사용한다면 지금 지구의 모습은 어떨까 상상해보자. 영화 'Her'에서 컴퓨터 운영체계인 OS들 간에는 인간의 언어로는 도저히 따라갈 수 없는 데이터들이 소통되는 장면이 나온다. 인간은 하찮은 지식에 국한된 두뇌를 가지고 있는 듯 보인다. 이렇듯, 만약 텔레파시 소통이 가능한 인류가 지금 지구에 생존해 있다면 우리가 상상하기 힘든 지식과 가치들이 존재할 수 있다. 이 경우, 기후변화를 둘러싼 대응의 문제, 에너지 문제, 탄소배출, 식량문제, 물 문제 등의 배경, 가치, 지식 등이 지금과 어떻게 다를지 상상하기 쉽지 않다. 하지만 필자가 이러한 무모한 상상을 하는 이유는 크로마뇽 인류가 갑자기 부활하여 타임머신을 타고 현재 세상으로 오는 것이 아니라, 극단적인 개인화가 심화되고, 스마트 시스템을 근간으로 하는 엄청난 컴퓨터 인공지능 혹은 OS 지능이 성장하다보면 우리가 생각하지 못한 새로운 인류가 생길 수도 있다는 것이다. 그것은 꼭 인간의 몸을 가지고 있는 것은 아니다. 영화 Her의 사만다와 같은 지능만 떠도는 신인류가 생기지 않으리라는 안심을 하기는 어려운 시대를 우리는 살고 있기 때문이다.

8. 에어로졸과 기후변화

2013년 국내에서 상영되었고, 2014년 여름 미국에서 개봉되어 흥행에 성공한 영화 설국열차에서 지구온난화 위기를 극복하기 위해 과학자들이 개발한 CW-7이라는 화학물질을 대기에 뿌린 이후 빙하기가 온다. 이후 17년 동안 설국열차는 인류의 유일한 생존자들을 태우고 에너지를 만들기 위해, 생존하기 위해 계속 운행된다. CW-7이라는 화학물질은 나노입자이다. 이 영화를 통해 한 가지 분명하게 알 수 있는 것이 있다면 대기 중에 나노입자가 있으면 기온이 떨어진다는 것이다. 대기 중에 있는 입자를 에어로졸(aerosol)이라고 한다. 대기 중 입자는 태양으로부터의 복사열을 대기 밖으로 다시 반사시키는데, 현재의 복사열 평형에서 이 부분이 추가되어 현재보다 기온이 떨어지는 것이다. 대표적인 예로 대규모 화산폭발이 일어나면 지구의 평균기온이 떨어지는 것이다. 2010년 일어난 아일랜드 대규모 화산폭발은 실제로 기온저하의 원인이 되었다는 연구결과가 있다. 만약 백두산이 대규모 화산 폭발을 하게 된다면 인근 중국과 한반도 기온하락의 원인이 될 수 있다. 발해의 멸망원인 중 하나가 당시 일어났던 대규모 화산폭발이라고 추정하는 것과 비슷하다. 지구온난화는 온실가스, 수증기, 구름 등의 영향도 중요하지만 에어로졸도 주요한 변수 중의 하나이다. 즉, 온실가스(이산화탄소, 메탄, 질소화합물 등)가 지구온난화를 가속화하고, 구름과 에어로졸은 식히고 있다고 알려져 있다. 이렇듯 지구온난화 측면에서 보면 에어로졸은 고마운 물질이지만, 에어로졸은 황사이기도 하고 블랙카본, 대기 미세먼지, 독성 나노물질이기도 하다. 에어로졸은 분명하게 확인할 수 있는 실체인 동시에 그 영향이 뚜렷한 존재로서 실체이고 존재인 것이다. 기후변화를 연구하고 미래 영향을 예측할 때 에어로졸은 확실한 대상이 되는 이유이다.

그럼 대기 중의 입자(particles)는 어떻게 땅으로 떨어지지 않고 공기 중에 떠다닐 수 있을까? 바람에 의해 떠다니기도 하고 확산에 의해 공기 중에 머무는 등 입자를 땅으로 떨어지게 하는 중력의 힘보다 큰 다른 힘들이 입자에 작용하기 때문이다. 이러한 현상은 물속에서 일어나는 현상과도 비슷하다. 분말 커피를 물에 녹이면 이후 가라앉지 않는 커피입자도 있지만 원두커피에서 보이듯이 가라앉아 있는 커피입자도 볼 수 있다. 입자의 크기가 작으면 작을수록 당연히 잘 가라앉지 않는다. 공기 중에는 주로 수십 마이크로미터($1\mu m = 10^{-6} m$) 크기보다 작은 입자들이 존재한다. 대기오염, 자동차, 황사, 화산폭발 등에 기인하는 나노입자도 존재한다. 그런데 입자가 작다고 무조건 공기 중에 머무를 가능성이 높은 것은 아니다. 왜냐하면 공기의 흐름(즉, 바람)에 의해 이동하려면 어느 정도의 크기 이상이 되어야 하기 때문이다. 즉, 입자의 크기가 낮을수록 확산될 가능성이 높아지고, 입자가 클수록 바람의 영향으로 이동해 퍼져나가려는 능력이 커진다. 이 두 힘을 합치면 여러 가지 조건 하에서 대기 중에서 존재하는 입자의 상태를 알 수 있는데,

이론적으로 0.45μm 크기가 확산(열역학적 퍼짐)과 대류(즉, 바람에 의한 움직임) 합침에 의해 생기는 영향을 최소로 받는 크기이다. 과학실험, 측정, 모델링할 때 나노입자(즉, 0.1μm 이하 나노먼지)와 PM2.5(2.5μm 이하 초미세먼지), PM10(10μm 이하 미세먼지) 입자들이 주로 등장하는 이유이다. 대기 중 미세먼지, 초미세먼지가 사회적 문제로 되고 있어 상식적 수준에서 설명을 하였다.

과학자로서 여러분이 만약 에어로졸 연구를 한다면 어떤 방향의 연구를 하고 싶은가? 대기 중 에어로졸입자의 이동현상을 연구할 수도 있고, 에어로졸 입자의 크기를 측정하는 연구, 에어로졸 입자 기후변화 영향 이론 및 예측연구 등도 가능하다. 또한 설국열차에서와 같이 미래 지구온난화가 심해졌을 때를 대비하여 기후를 어느 정도 식힐 수 있는, 또는 이산화탄소를 제거할 수 있는 흡착전용 나노에어로졸입자를 합성하는 연구도 가능할 것이다. 한 가지 우리가 간과하지 말아야 할 것은 설국열차에서와 같이 지구 대기 기온의 균형을 깨뜨릴 위험도 있지만 나노입자의 인간, 그리고 자연계 생명들에게 대한 독성 문제이다. 나노입자는 인간이 이를 합성해 만들어내기 이전부터 자연계에 존재해왔다. 하지만 그 양이 상대적으로 그렇게 많지 않았고, 나노구조나 구성 성분도 지구생명체와 오랜 세월 같이 해왔다는 점이다. 과학 혹은 산업차원에서의 목적을 가지고 합성되고 있는 나노입자는 기능성이 강조되다 보니 독성과 위해성 측면이 자칫 소홀해질 수 있다. 많은 나노입자들이 탄소구조를 가지고 있기도 하지만 중금속을 포함하는 무기물을 주 구성성분으로 활용하기 때문이다. 나노입자는 크기가 워낙 작다보니 생명체의 세포벽을 쉽게 통과할 수 있고 내장기관, 세포 구성물질, 유전자관련 조직 등에 한 번 흡착되면 잘 떨어져 나오지 않는 표면성질을 지니기도 한다. 이렇듯 나노독성에 대한 불확실성 때문에, 오염물질의 정화에 탁월한 효율을 나노입자 기술이 나타냄에도 불구하고 실제 현장적용이 본격적으로 되지 못하고 있다. 다양하고도 깊은 연구를 필자가 한 것은 아니지만, 우리가 매일 마시는 물을 나노입자를 활용하여 정화하는 관련 정수기가 시중에 나와 있고, 이를 믿고 사용하는 사람들이 늘어나는 것은 어떤 면에서는 걱정이 되기도 한다. 깨끗하기는 하지만 위험한 물을 우리가 마시고 있는지도 모른다.

에어로졸과 아인슈타인

1906～1907년 사이 발표된 아인슈타인의 유명한 3편의 논문 중 한 편은 입자의 확산계수를 구하는 이론이었다. 오랜 시간이 지난 이후지만 미래를 바라보는 천재 물리학자의 혜안을 알게 되는 걸작이다. 지금도 그의 Einstein-Stokes식을 입자뿐만 아니라 고분자 확산계수를 구할 때 사용하고 있다. 여러 가지 제약이 있기는 하지만 110년이 지난 지금도 그의 식을 우리는 사용하고 있는 것이다. 기후변화 예측시나리오 모델 식에서도 아마 그의 식이 사용될 것이다.

9. 과학의 시작과 끝

학문을 시작하는 학생, 젊은 학자에게 드리는 글

아리스토텔레스 대학의 입학 시험과목이 기하학이라면 괴테가 세운 대학은 관찰(observation) 능력이 입학 조건이다. 자연과학은 관찰로부터 시작하여 개념(concept)으로 끝난다고 하여도 과언이 아니다. 10대의 하루와 60대의 하루가 다르듯이, 초등학교 때 바라본 시간과 바라보고 느낀 결과의 개념은 분명 나이든 후의 그것들과는 차이가 있을 것이다. 그 결과, 시간의 빠름과 느림이 만들어진다고 믿는데, 시간 자체가 빨라지거나 느려지는 것이 아니라, 하루를 보내면서 우리의 정신, 마음속에서 만들어지는 개념의 종류와 질(quantity, quality)에 따라 시간이 달라지는 것이다. 관찰은 대상을 상대로 주체가 감각(sense)을 이용하여 이루어진다. 눈으로, 귀로, 코로, 입으로, 촉감으로 이루어지는데, 가장 큰 역할을 하는 것은 역시 눈(망막)이다. 인간의 관찰은 많은 부분, 눈으로 이루어진다고 과학자들은 믿고 있다. 하루가 다르게 발표되는 수많은 과학논문 중 인간의 청각, 후각, 미각, 촉감으로 이루어진 관찰의 결과를 개념으로 만들고 지식화된 논문은 설사 존재한다고 하더라도 매우 희귀할 것이다. 과학자의 센서, 즉 감각기관 및 측정도구 등으로 관찰된 대상은 어떤 형태이든지 간에 상(appearance ; 혹은 표상(representation))을 만들어낸다. 이 '상(象)'은 관찰하면 우리의 머리에 무엇인가 떠오르는 그 무엇을 의미하며 직관이 이 역할을 한다. 이는 예술가의 첫 단계와 다르지 않다. 과학자나 예술가는 자연과 같은 대상을 관찰하여 우선 머릿속에 하나의 '상(혹은 표상)'을 만드는 것(직관(intuition) 능력)으로부터 작업을 시작한다. 과학자의 이러한 능력을 과학자의 직관이라고 하며, 직관은 칸트의 세 가지 지식(직관, 개념, 아이디어) 중 하나이다. 과학자는 이러한 '상'을 분석하여 전체를 아우르는 원리를 찾아내어 개념(즉, 지식)을 만들어내는 연구를 하고, 예술가는 '상'으로부터 핵심적인 것을 뽑아내어 추상(abstract : 아름다움, 미)을 창조한다. 다만, 수학자는 과학자와 예술가와 다른 방법을 이용한다. 수학자는 관찰에서 출발하지 않고, 개념에서 출발하여 이를 자연에서 일어나는 현상에 적용한다. 과학자와 수학자는 매우 다른 재능이 요구된다는 것을 알 수 있다. 이는 만약 우리가 수학에 좀 약하다 하더라도 여전히 훌륭한 과학자가 될 수 있는 이유이기도 하다. 수학적 두뇌와 과학적 두뇌는 엄연히 다르므로 주입식, 입학시험식 과학과 수학을 학문과 혼돈하지 않았으면 한다. 즉, 시험 보는 수학을 못한다고 공부, 즉 학문 전체를 포기하는 일은 없었으면 한다. 또한 시험위주의 수학, 과학에 능력이 있다고 훌륭한 과학자, 수학자가 될 수 있다는 착각도 하지 않았으면 한다.

과학하는 과정을 좀 더 자세히 살펴보겠다. 과학(특히, 자연과학)의 관찰단계 이후 과학자에게 생긴 '상'에 대해서 과학자는 부지불식간에 분석(analysis)의 단계를 거친다고 칸트는 그의 순수이성비판에서 말하였다. 분석에 대해서는 뉴턴이 확고한 배경을 제공하기도 하였지만, 분석과정을 통해 여러 개의 요소들(manifold)로 쪼개진 대상은 분리된 각각에 해당되는 또 다른 '상(appearance)'으로 표현된다. 이러한 과학자의 분석능력은 과학자의 센서(감각)와 분석방법 특성에 따라 다르게 발견, 표현될 수 있다. 분석의 결과 만들어진 요소들 중 일부 혹은 거의 모든 조각들과 그로부터 만들어진 '상' 사이에 존재하는 일정한 원리(principle) 혹은 규칙(rule)이 발견되는데, 이를 근거로 하여 다시 합쳐진(synthesized) '상'이 생겨난다. 이 '상'은 과학자의 두뇌에서 생각(thought)으로 바뀌며, 이 생각은 이해(understanding)하는 과정을 거쳐 개념 지식(conceptual knowledge)으로 바뀐다. 정리하면, 분석 이전에 생긴 '상'과 분석 이후에 생긴 '상'은 각각 직관과 이성적 능력에 의해서 만들어지며, 앞의 것을 직관적 지식, 후자를 개념적 지식이라고 정의한다. 직관은 과학자와 예술가가 비슷하게 사용하지만, 이성의 영역에서는 과학자의 경우에는 개념으로, 예술가의 경우에는 미학적 추상으로 다르게 표현된다. 관찰, 직관, 분석, 사유라는 경험에 의해서 만들어지는 지식 형성과정을 귀납(induction)이라고 한다. 원리(principle) 혹은 규칙(rule)에는 인과관계(cause and effect, causality), 대칭성(symmetry), 규칙성(regularity), 주기성, 계절성 등이 있지만 이러한 것들에만 국한해서는 안 된다. 즉, 비대칭성이 원칙으로 역할을 할 수 있으며, 일정한 비대칭성 등도 마찬가지이다. 과학자의 직관만으로 발견하기 힘든 원리도 있는데, 이 경우 전문 소프트웨어의 도움을 받아 직관과 논리를 담당하는 이성(reason)으로 쉽게 찾을 수 없는 것들이 발견되기도 한다. 다만, 소프트웨어 도움을 받는 경우에도 과학자의 직관과 논리적 사고가 연관될 수 있도록 해야 한다. 대부분의 과학저널 리뷰 과정에서 많은 리뷰어

(즉, 평가자)들이 통계분석과정을 요구하는 것이 일반적인데, 이것은 과학자로서의 인간 직관과 논리이성 능력을 잘못 이해하고 있는 매너리즘이라고 개인적으로 생각한다. 즉, 통계분석 패키지가 어떠한 목적으로 어떠한 경우에 이용되어야 한다는 뚜렷한 이유 없이 무조건 통계분석 결과를 내놓으면 받아들여지는 것은 경계해야 한다는 말이다. 이렇게 될 경우, 젊은 과학자들과 학생들이 자신들의 신선한 과학 직관과 논리적 능력을 믿지 않고 다른 논문이나 선배학자들의 매너리즘에 빠지게 된다. 즉, 늘 결과에 집착하게 되면 매너리즘을 빠져 나오기 힘들다는 것이다. 그 만큼 매너리즘은 효과적이고 또 생산적이기도 한다. 연구를 하다보면 관찰의 특정한 방법, 분석의 특별한 방법, 원리를 찾아내는 특별한 방법에 의존하는 것이 때로는 필요하다. 어떤 학풍, 어떤 학교, 어떤 연구실의 독특한 방법들이 그러한데, 이러한 매너리즘을 효과적으로 사용하면 연구결과를 만들어내는 지름길을 제공하기도 한다. 그만큼 매너리즘은 강력하다. 매너리즘 자체가 나쁜 방법은 아니지만, 젊은 과학자들이 매너리즘이라는 강력한 무기에 빠져 자신의 과학방법 개발에 소홀하면 영원히 그 매너리즘에서 빠져나올 수 없다는 것을 얘기하고 싶을 뿐이다.

지식에는 직관(intuition)적 지식과 개념(concept)적 지식이 있다는 칸트의 정의를 이미 말한 바 있다. 개념적 지식은, 아리스토텔레스에서 출발하여 칸트에 완성된 카테고리(12가지 개념) 지식으로 나누어 생각(thoughts to concepts, through understanding)할 수 있다. 반면, 철학적 접근 어디에도 직관(intuition)에 대한 정의 혹은 설명은 없으며, 직관적 지식의 존재 자체와 직관은 관찰과 개념 중간에서 작용하고 있다는 것만 알고 있을 뿐이다. 또한 직관에 대한 강조는 자칫 비과학적이라는 비판을 받을 수 있음도 유의하여야 한다. 여러분이 과학자로서 연구 혹은 실험하면서 '아, 이것은 내 직관의 결과야'라고 느끼는 순간이 있을 수 있다. 그 결과 찾아낸 지식(즉, 직관적 지식)을 소중하게 여기되, 절대 이것이 여러분의 직관에 의해 만들어졌다고 표현되어서는 안 된다. 그것이 현대과학의 냉엄한 현실이라는 점도 무시해서는 안 된다. 과학자들의 감각(senses)으로 관찰(observation)된 대상(object)은 의식하든 의식하지 않던, 혹은 원하든 원치 않던 분석(analysis)된다. 분석하지 않고 지식화할 수 있는지는 우리가 좀 더 고민해 보아야 할 것이다. 이것은 근본적인 차원에서의 매너리즘의 문제일 수도 있다. 분석은 나누어진 요소들을 만들어내며, 각 요소들은 과학자의 이성과 연관된 직관에 의해서, 새로운 '상(representation)'으로 변환된다. 직관의 역할과 직관의 능력을 규정하고 설명하고, 능력을 향상시키는 길을 제시하는 것은 쉽지 않으며, 앞에서 언급한 바와 같이 자칫 다른 오류 혹은 오해를 가져올 수 있다. 다만, 직관 전(관찰)과 후(개념 형성과정)는 규정되고 정의되고 또한 설명가능하기 때문에 이를 통하여 직관을 간접적으로 설명할 수밖에 없을 듯하다. 직관(intuition)은 관찰한 대상을 개념 형성과정으로 넘겨주는 중간 단계이다. 관찰을 담당하는 감각과 닿아 있고, 개념형성을 담당하는 논리추론(reasoning)과도 연결되어 있다. 즉, 감정(feeling), 이성(reason) 양쪽 모두에 연관이 있다는 것이다. 직관하면 우리는 자칫 감정적이고, 감성적인 것으로 간주해버리기 쉽지만 간접적 역할 규정을 통하여 이성과도 그 능력과 특성이 닿아 있음을 분명히 알 수 있다. 만약 그렇지 않다면 관찰에 의해 생긴 그 무엇과 과학지식의 경험적 끝 단계인 개념은 무엇으로 연결되어 있는지 우리는 설명하기 힘들다. 비록 직관을 직접 규정하고 설명하기는 힘들지만 관찰과 개념 형성의 중간단계임을 이해한다면 직관적 능력에 대해서도 교육 혹은 훈련(descipline)하는 것이 가능하다고 생각한다. 아리스토텔레스의 대학에서는 기하학을, 괴테의 대학에서는 관찰이 입학을 위한 조건임을 우리는 이를 통해서 쉽게 이해할 수 있다.

여러분은 직관적 지식만으로 이루어진 자연과학 혹은 공학 논문을 본 적이 있는지? 선호하는 저널에서 개념적 지식과 직관적 지식을 구별하여 유심히 찾아보길 바란다. 이를 위해서는 여러분 나름의 직관적 지식과 개념적 지식 사이의 뚜렷한 구별이 필요할 것이다. 하지만, 대부분의(아니 거의 모든) 과학자 혹은 일반인들은 개념적 지식만이 과학논문, 과학적 사실이 될 수 있다고 믿는 듯하다. 일상 속의 관찰 및 실험 과정에서는 직관을 중요시 하다가도 정작 논문과 같은 지식화 과정에서는 직관에 대한 강한 의구심을 드러내곤 한다. 옳고 그름의 판단은 미루어 두고 그러한 인식에 대한 근본적인 회의를 가져야 할 때임을 과학자로서 느꼈으면 한다. 왜냐하면 자연과학의 발전 혹은 돌파구는 실체(reality)의 질(quality)적인 개념 마련에서 가능하기 때문이다. 직관 과정의 중요성을 간과한다면 우리는 어쩔 수 없이 매너리즘(mannerism)에 의존할 수밖에 없으며, 그렇고 그런 양적 과학실적의 단순 생산자 이상은 될 수 없다. 사람은 서로 다른 재능을 가지고 있어, 만약 이성적 추론(deduction)능력이 뛰어나 개념형성에 탁월한 능력을 발휘한다고 하더라도, 직관 과정의 뒷받침 없이 새롭고 유용한 과학적 개념 생성은 어렵다. 그것이 자연과학 지식 생산의 본질이기 때문이다. 직관 없는 이성이 불가능하지는 않다고 여전히 생각하지만 편식하는 식습관에 해당되는 소화과정이라는 것이다. 영양 불균형은 일방적인 살찌움을 만들어내고 결국은 전체적인 건강을 유지하기 힘들게 한다. 관찰한 대상은 분석되는데, 분석된 대상은 잘게 나누어진 현상(appearances)들로 우리 머리에 떠오르게 된다. 이러한 현상들 사이의 규칙성(rule) 혹은 논리(logic) 혹은 질서(order) 혹은 그 무엇을 찾아내어 이를 생각하고 이해함으로써 개념으로 바꾸게 되는데, 이것은 우리들의 논리추론 이성과 연결된 직관에 의하여 이루어진다. 또한 이러한 규칙, 논리 등은 경험을 넘어선 사실, 실체, 존재에 대해서 적용되어 아이디어(idea)를 만들어내기도 한다. 이 과정은 이성(reason)이 담당하지만, 직관의 도움자로서의 역할 없이는 개념도 아이디어도 있을 수 없음을 쉽게 이해할 수 있다.

우리는 어린 시절부터 공부할 때, 심지어 일상생활을 할 때도 논리적인 면을 강조하는 등 많은 경우에서 논리를 지나치게 강조한다. 어린 아이들이 '왜요?'라고 물으면 영특하다고 판단하고, 어린이를 위한 책 중에 인기 있는 'Why'시리즈가 있을 정도이다. 이에 비해 직관적인 능력은 상대적으로 중요하게 여기지 않는다. 필자는 직관은 우리가 올바로 존재(즉, 니체의 존재)하면 자연스럽게 생기며, 직관은 그 능력이 향상된다고 생각한다. 우리가 다른 생각, 관념들에 사로 잡혀 있지 않고 대상과 이벤트를 직시, 즉 올바르게 관찰하고 있으면 직관은 자연스럽게 작동한다는 것이다. 즉, 니체의 초인이 되는 것이다. 욕심에 사로잡혀 있으면 사람, 사건, 상황을 올바로 볼 수 없듯이, 어떤 대상에 마음이 사로잡혀 있으면 아무리 아름다운 자연 속 대상(꽃, 나비, 구름 등)일지라도 우리의 눈을 포함한 감각에 들어오지 않으며, 아무리 중요한 일이 우리에게 일어나도 우리는 그것을 알아차리지 못한다는 것이다. 이것이 니체와 하이데거가 경계하고자 했던 '존재'의 실상이다. 논리는 논리의 법칙으로 우리에게 남아 지속적으로 작동하고 있지만, 직관은 갈수록 그 능력이 희미해지는 이유이다. 간단한 숙제, 짧은 보고서를 작성할 때도 우리는 보통 다른 사람의 것을 참고한다. 연구도 마찬가지고 사회 속 여러 사업도 그러하다. 선인들의 가르침, 선배들의 작품을 참고하는 것은 바람직한 것이기는 하다. 다만, 충분히 검토한 이후에 그것으로 그쳐야 한다. 구체적인 방법을 그곳에서 가져와서는 안 된다. 구체적인 방법을 가져오는 순간 우리의 직관은 발휘할 기회를 잃어버리게 된다. 직관은 논리적 이성의 기반이 된다. 이는 과학의 관찰부터 개념까지의 과정을 보면 알 수 있다. 직관은 관찰과 개념 사유의 다리 역할이기 때문이다.

10. 기후변화와 예술

기후변화와 예술이 과학, 공학, 철학 등과 무슨 연관이 있냐고 의문을 가질 수 있다. 예술은 과학, 공학, 철학 등과 어떻게 다를까? 근본적으로 예술이 무엇이고 미학은 무엇일까? 예술에 능한 사람은 수학에 약할까? 공학에도 약하고? 정말 그렇게 생각하는가? 만약 여러분이 그렇게 생각하고 믿고 있다면 여러분의 직간접적인 경험에 기반을 하고 있는 것이다. 즉, 예술이 무엇인지, 과학이 무엇인지, 수학이라는 학문이 무엇인지 정의하고 이해하려고 노력하지 않고 두 분야를 잘하는 능력은 다를 것이라 믿는 것이다.

우리는 우리 주위를 바라본다. 즉, 감각을 이용해 관찰한다. 물론 그냥 바라보는 것과 관찰하는 것은 다를 수 있지만 제대로 바라본다고 가정했으면 한다. 자연도 보고, 사람도 보고, 때로는 시간도 본다. 이를 관찰이라고 하며, 과학하는 방법과 동일하다. 관찰한 이후 분석하고 직관하며 이를 정리한다. 이것도 과학과 동일하다. 그 이후에 원리 혹은 사유의 결과를 끄집어낸다. 과학에서의 이런 과정을 우리는 사유－이해(thinking-understanding)한다고 하며, 예술에서는 추상화 작업(abstracting)을 한다고 한다. 여기서부터 차이가 나타나는데, 이는 지식인지 미적 실체이냐의 차이이기도 한다. 과학에서는 관찰의 대상에서 직관되고 사유된 원리, 논리 등에 기초하여 개념적 지식(conceptual knowledge)을 만들어내지만, 예술에서는 직관하고 사유하지만 만들어내는 것이 굳이 원리, 논리에 기초할 필요가 없고 관찰대상, 대상의 공간적, 시간적 흐름에 기초한 추상(abstract)에 관심을 가진다. 추상은 대상에서 다소 멀어진 혹은 연관되어 있기는 하지만 다른 형태로 변화된 것이라도 상관없다. 밤새 별을 관찰하고 별이 움직이는 궤적과 주기 등을 생각했다면 과학이지만, 초록색의 큰 원과 노란색 사각형을 그리고 '젊은 시절의 방황'이라고 이름 지었다면 이는 예술작품이다. 초록은 사라져가는 꿈을 별을 통해, 젊은 날 꿈을 노란색으로, 이성을 사각형으로 표현한 것이다.

철학자가 개념을 만들면 과학자가 이를 구현시킨다고 한다. 철학자는 개념적이고 아이디어적인 지식을 생각하면 과학자는 이를 실체적으로 존재시키는 작업을 한다. 즉, 대상화하는 작업이다. 서양과학의 엄청난 힘이다. 하지만 여기서 끝나는 것이 아니다. 사회과학자는 그 대상을 믿음의 단계까지 확대시키는 작업, 즉 이데올로기화 한다. 각 단계가 어떻게 다를까? 세상의 보이는 대상에도, 보이지 않는 인간의 정신에도 관심이 있다. 어떤 철학자는 자연을 포함하는 대상은 인간의 정신과는 분리되어 있는 것이 아니라고 한다. 어떤 철학자는 정신만이 믿을 수 있는 것이라고 한다. 전자를 일원론(monism), 후자를 이원론(dualism)이라고 한다. 과학자는 개념적 지식을 만들어내는 사람이다. 개념은 과학적 직관, 사유과정을 거쳐 나오는 것이다. 개념 형성 과정을 넘어서기 위해 과학자는 이성(reason)을 이용하여 개념 속 원리를 새로운 지식으로 바꾸는 작업을 하는데 이를 아이디어(idea)라고 한다. 이 두 번째 범주에 드는 과학은 대상에 대한 경험이 부족하거나 경험할 수 없는 상황에서 일어난다. 예술과 닮은 부분이 어떤 면에서는 있다. 하지만 과학은 반드시, 경험한 지식에서의 원리 혹은 논리 하나를 가지고 와서 그 중 하나를 이용하여 새로운 지식을 만드는 것이다. 이때 예술은 최종 목적지가 다르기 때문에 하나가 아니라 수없이 많아도 상관없다. 사회과학은 자연과학과 맥락을 같이 한다고 생각한다(전문가가 아닌 필자가 정의내리기 어렵다). 진리의 지식보다는 믿음의 지식(도그마)에 더욱 집중한다. 믿음은 대상 자체보다는 존재(existence)에 근거한다. 존재로서의 인간은 개인(individuality)을 넘어 인격(personality)이 된다. 인격은 존재성을 가지고 있기 때문이다. 여기서 존재성의 객관화된 질서는 문화(culture)를 형성하고 옳다고 믿는 혹은 상호영향을 준다고 믿는 생각의 모임이 생긴다. 이 믿음이 시대를 지배하면 이데올로기가 되는데, 아이디어(idea)와 이데올로기(ideology)가 유사한 것은 우연이 아니다. 즉, 예술은 과학, 사회과학, 공학, 철학의 방법론과 공유하는 부분이 많으며, 누구보다 예민하게(based on sensibility) 실체와 존재를 느끼는 작업을 거쳐 이루어진다. 이런 측면에서 지구온난화, 기후변화가 과학인지, 이데올로기인지 논쟁거리가 되는 것이며, 예술가의 역할이 여기에 있다고 생각한다.

그러면 이제 예술을 실제 예를 들어 살펴보면서 이미 설명한 이론과 대비해 보았으면 한다. 헤겔의 미학에 근거하겠다. 첫 번째는 회화이다.

(1) 회화

회화는 외면적 보편성(즉, 대상인 객체)이 내면(즉, 주체)과 만날 때의 관계를 내면에서 형상화하는 것이다. 수많은 외면들을 모두 표현하는 것이 아니라 선택하고 나머지는 고의적(능동적)으로 포기, 폐기(abstract, 즉 추상작업)해야 하며, 외부 외면을 그 자리에 머물게 함으로써 선택된 대상과의 관계를 통하여 이를 상상(imagination)하게 한다. 자연의 한 장면을 보고 그 장면을 그대로 종이 위에 옮겨 놓는 것이 아니다. 만약 그렇게 한다면 사진과 다를 것이 없으며, 그려진 장면을 보면 화가에게 무엇이 중요한지 어떤 것은 상대적으로 더 중요한지 알 수 없다. 라디오를 듣고 있는데 소음이 너무 많아 본 방송은 정작 잘 들리지 않는 것이다. 회화에서는 주인공이 등장하게 되는데, 주인공은 관찰된 대상일 수 있고, 대상의 변화된 모습일 수도 있으며, 대상을 이용한 상상의 결과일 수도 있다. 이것은 수많은 관계를 또한 정신적, 영혼적으로 표현하는 절차 속에서 개념의 구체적 표현을 위한 가상화가 핵심적인 작업이다. 추상일 수밖에 없는 이러한 작업은 주관적 개별들이 조화를 이루면서 전체를 간과해서도 안 되기 때문에 지극히 주관적이라 윤리적 진지함이 근본에 깔려야 하며, 보편적 현상, 실체 속에서 중요하지 않은 것처럼 보이는 것을 내부로 가져와 주관적으로 개별화할 수 있어야 한다. 윤리성(도덕과는 다른)과 개별적(혹은 선택적) 중요성, 가상화가 회화의 핵심적 작업이라고 할 수 있는 이유이다.

어려운 듯 보이는 표현들이 많지만 회화를 정리해 보면, 화가가 표현하고자 하는 대상의 내면 혹은 외면의 이미지를 대상의 외부(즉, 종이 등)에 표현하되, 보이는 모든 것 혹은 이미지를 모두 옮기지 않고 화가가 중요하다고 생각하는 것만 골라 표현하는 작업이다. 화가의 예민한 감각과 직관으로 느껴지는 이미지, 즉 상들 중에서 중요한 주인공만 골라내므로 화가는 추상작업을 하는 것이다.

회화는 선, 원근, 명암, 색채, 색채 효과(대비 등 : 예, 청색은 어둠, 황색은 밝음) 등이 기본요소가 된다. 그림은 상황, 사건, 역사, 자연 등 모든 대상이 한 순간으로 옮겨와 포착될 수밖에 없는 한계가 있으므로 따라서 극적으로 표현하여 화면 속에 모든 것을 담을 수 있어야 한다. 그렇기 때문에 한계가 있는 동시에 장점도 가진다. 그림은 조각, 건축이라는 장르의 연장선에 놓여 있다고 헤겔은 설명한다. 내면성의 갈등 없는 정적인 모습이 조각이라면, 회화는 엄청난 갈등과 조화로 내면적인 모습을 표현해야 한다. 음악과 시 문학은 흐르는 시간 속에서 일어나는 갈등과 조화를 이용하여 상황의 전개를 구성할 수 있다는 장점이 있지만, 가장 극적인 한 장면으로만 표현하는 회화는 나름의 방법과 매력을 지닌다. 앞으로 미술관에 가게 되면 회화작품 속에서 시간과 공간을 넘어서는 그 무엇을 보려고 해보자. 화가는 무수한 시간과 공간의 흐름 속에서 순간을 잡아 그 속에 그 시간과 공간의 핵심을 담아내는 엄청난 능력을 가진 예술가이다. 그것이 미술작품의 추상이다. 추상화만 추상인 것이 아니라 사실주의, 낭만주의 작품 할 것 없이 모든 미술작품은 추상화 작업의 결과인 것이다.

인간의 영혼은 주관이므로 인간 내면에 위치한다. 하지만 역설적이게도 타자 안에서 머물기를 원하기도 한다. 이것이 영혼적 주관의 이중성이다. 종교적으로는 신으로의 귀속이며, 자연예술에서는 자연 생동성과의 조화, 또한 일상에서는 사소한 것들 속에서 개별적 특성, 생동성, 조화성을 발견하는 창조적 활동으로 규정, 정의

될 수 있다. 인간은 홀로 존재하기도 하지만 사람과 자연을 포함하는 외부와 함께 하려고 한다. 외부와의 관계 속에서 추상이 이루어진다는 것인데, 그런 연유로 모든 사람은 이미 화가이고 예술가이다. 자연 풍경을 그대로 회화로 표현한다고 예술이 아니며, 사람의 얼굴을 자세하게 그려 주름살, 표정 등을 완벽하게 표현했다고 예술로 승화되는 것도 아니다. 늘상 보는 자연 속에서 실용적 가지치기(나무 가지를 정리하는)를 통하여 모든 사람들이 보고도 지나쳤던 생동성을 찾아 주관적이며 심지어 부정적 관계(우리는 늘 부정 속에서 창조성을 만들어낸다)를 통하여 화가 자신의 추상이 표현(representation)되어야 한다. 대상이 하찮으면 하찮을수록 창조성은 높아질 수밖에 없다. 예술가적 소양이 아무리 부족한 사람이라도 예수님, 부처님을 그리면 대상의 숭고함 때문에 그림은 어느 정도의 생명력을 가진다. 위대함 속에서 사소한 것에 안주하는 것이 보통 사람의 한계라면, 일상의 평범 속에서 위대한 무엇을 찾아내는 것이 예술가이다. 특히, 일상적인 평범한 것들에 대한 회화적 표현은 순간적인 것을 포착하여 지속적인 것으로 변화시킬 수 있을 때 그 창조성은 빛을 발한다. 숭고한 이상의 객관적 표출인 조각(표현하는 대상이 이미 위대한 인물이므로)과는 달리 회화는 주관적 영혼과 보편적 객관과의 다양한 관계 속에서 실용적인 가지치기를 거쳐 내면적 형상화가 이루어지는 것이다. 종교적인 측면에서 신을 보편적 숭고함으로 표현하였다면 조각과 다를 것이 없으며, 회화의 근본적인 본질과도 멀어지게 되는 이유가 여기에 있다. 내면과의 관계 속에서 환희, 고통 등과 같은 부정적인 요소가 발생하고, 이러한 부정적인 요소는 내면에 존재했었던 주관에 상처를 입히든지 상처를 치유되는 과정을 거쳐 새로운 이상을 지닌 사상적 형상으로 표현되어야 한다. 예수님과 성모 마리아를 예로 들면, 신의 아들로서의 예수상을 숭고하게 표현하는 것이 아니라 회화로서의 이러한 본질을 다루기위해서는 유년시기와 고난의 기간이 미술작품의 소재 측면에서는 보다 적합할 수 있다. 또한, 인간적인 고뇌와 아픔 등이 표현될 수 있는 성모 마리아도 그러한 이유로 회화에서 집중적으로 다루어져 왔다(헤겔의 미학).

그림 그리기 작업은 스케치로부터 시작된다. 스케치는 관찰로부터 시작된다. 화가들은 그리고자 하는 대상이 없어도 머릿속에서 떠올라 척척 그릴 수 있는 것이 아니라 끊임없이 집요한 관찰을 해야만 그릴 수 있다. 이 과정이 없으면 그려지지 않는다. 관찰을 하면서 도화지에 그릴 그림의 구도(composition)를 잡는다. 이때 대상 모두를 옮겨오는 것이 아니라 주인공과 엑스트라를 구별하여 배치하는데, 화가 자신 그리고 그림을 감상하는 사람들이 매력을 느끼고 볼 수 있도록 구도를 잡아야 한다. 대가들의 그림 작품을 미술관에서 감상하면서 화가가 의도적으로 선택한 주인공을 찾아보는 것도 그림을 감상하는 방법이다. 주인공은 사람일 수도 있고, 꽃일 수도 있고, 또한 멀리 보이는 산이 될 수도 있다. 주인공을 정하는 것만으로는 부족하다. 그림을 감상하는 사람이 주인공을 바로 찾을 수 있도록 구도를 잡는 것도 한 방법이지만, 다른 감상 포인트를 만들어두고 이곳에서 강력하게 눈길을 끈 이후에 자연스럽게 주인공으로 옮겨가게 만들 수도 있다. 이렇듯 그림을 그릴 때도 전략이 필요하다. 여러분이 만약 여행을 계획하고 있다면 이번 여행에서는 핸드폰 사진과 카메라를 버리고 스케치만으로 여행을 기록해 보는 것은 어떨까? 여행의 모든 것을 담는 것이 아니라 여행의 주인공들을 그림으로써 만들어보는 것이다. 이런 여행은 분명 여러분에게 다른 의미를 가져다 줄 것이다. 그리기 위해서는 관찰해야 하고 주인공을 골라내는 생각을 하게 되며 주인공을 부각시키는 전략을 세우기 때문이다. 관찰하고 사유하면서 설계하는 여행 말이다. 경복궁을 가서 근정전 앞에서, 루브르 미술관에 가서 모나리자 그림 앞에서, 카메라 셔터를 누르는 것과 근정전과 모나리자를 오랫동안 바라본 이후에 수첩 속에 옮기는 과정은 분명 다르다. 모든 여행을 이렇게 할 필요는 없지만 때로는 관광이 아닌 여행을 해보시기를 추천한다.

관찰하고 구도를 한 이후에는 그려야 한다. 그리기 위해서는 선을 그려야 한다. 연필도 좋고 샤프도 좋고 펜도 좋다. 전문화가가 아니므로 무엇으로 그려도 상관없다. 우리가 그리는 이유는 우리 자신이 후에 보기 위해, 혹은 다른 사람들에게 보여주기 위한 것이다. 잘 그리면 물론 좋겠지만 그렇지 않더라도 그냥 그렸으면 한다. 화가들도 처음은 있었을 테니 말이다. 또한 잘 그린 그림과 못 그린 그림이 있다기보다는 나 자신의 그림이 있는 것이다. 선을 자신 있게 그리는 것이 필요하다. 선택한 주인공은 진하고 굵은 선으로 그리고, 주인공을 뒷받침하는 엑스트라는 연하고 가는 선으로 그리는 것이다. 이미 언급하였듯이 보이는 모든 것을 그리려고 노력하지 않아도 된다. 만약 그럴 요량이면 사진을 찍으면 되니까 말이다. 보이는 것 중에서 옮겨 놓고 싶은 것만 선으로 옮기는 것이다. 이때 원근법을 이용해 보는 것도 요령이 된다. 하나의 소실점, 두 개의 소실점을 이용해도 좋고 멋을 부리기 위해서 세 개의 소실점을 이용해도 좋다. 원근법을 의도적으로 무시해도 재미있는 구도가 될 수 있다. 스케치는 관찰한 이후에 우리의 머리와 마음에 남는 이미지를 옮겨놓는 작업이다. 그림은 그리는 것이기도 하지만 쓰는 것이기도 하다. 잘 그렸다, 못 그렸다가 중요한 것이 아니라 우리가 경험한 순간 속에서 가졌었던 이미지를 남기는 작업이다.

여행이 끝난 후 장면을 옮겨놓은 사진들을 가질 것인지 아니면 우리가 여행 속 경험에서 떠오른 이미지를 모을 것인지를 선택하는 것이다.

미술 작품 감상 포인트들

초상화만큼 싱거울 수밖에 없는 그림도 없다. 하지만 한 인물의 인품과 업적이 뛰어날 경우에는 한편의 초상화 속 표정과 모습을 통하여 그 사람의 일생을 가늠할 수 있다. 미술관에 가서 전시된 초상화들을 감상할 때, 초상화의 주인공에 관심이 있어서 보는 경우와 그 초상화를 그린 화가에 관심이 있어 볼 수도 있는데, 대개는 후자이다. 전자의 경우는 초상화 주인공의 삶 혹은 그의 철학이 느껴질 때이다. 가톨릭 신부님의 초상화는 신부님이라는 존재 자체가 주는 느낌만으로도 예술적 가치를 가진 초상화가 될 수 있는 이유이다.

스토리가 포함된 한 장면은 회화 표현의 대표적인 형식이다. 또한 이야기는 없지만 멈추고 싶은 한 장면도 마찬가지이다. 그림은 읽을 수 있는 것이다.

풍경화는 자연 그대로 묘사하는 것은 의미가 없을 수 있지만, 바라본 자연의 수많은 것 중 중요한 것과 중요하지 않은 것을 가려내고, 또한 중요하게 보이지 않는 것을 중요한 것으로 변화시킬 수 있을 때 그 장점이 부각된다.

(2) 건축

헤겔이 말하길, 건축은 고차원적인 예술이 될 수 없는 태생적 한계가 있다고 하였다. 건축일을 하시거나 건축을 전공하는 학생들이 들으면 섭섭해 할 것 같은 헤겔의 생각이지만, 다른 공학은 예술의 영역으로 근본적으로 분류되지 못한다는 것을 고려해 주시기를 부탁한다. 헤겔에 의하면 건축은 인간 정신의 내면적 가치를 표현하는 데는 어려움과 한계가 있는데, 어쩔 수 없는 상징적(symbolic) 목적 혹은 주거 혹은 인간 활동 등의 목적이 있기 때문이라고 하였다. 원시 상징물, 이집트의 피라미드, 마을 앞의 상징물(우리나라 장승 등) 등도 큰 범주에서 건축물이라고 할 수 있다. 이것들은 조각이 아니냐고 할 수 있지만, 예술이 무엇이고 미가 무엇이냐는 문제로 다시 돌아가게 된다. 조각은 예술적 의미에서 무엇일까? 자연이나 인간 등의 형상을 옮겨 놓는다고 하여 조각이 아니며 조각은 인간 내면적 영혼을 외형적 형상으로 옮겨놓되 정신, 이념, 이상이 깃들여 있어야 한다. 원시 상질물로 돌아가 보면 쉽게 이해가 되는데, 그들이 나타내고자 했던 것은 그들 내면 영혼이 아니라 자연에 대한 두려움, 그들이 믿었던 종교, 신비주의 등이었습니다.

상징 건축은 고대 그리스 시대를 거치면서 예전의 상징성을 넘어 인간 활동의 목적성이 나타나기 시작한다. 목적성에는 어느 정도의 인간 정신이 포함될 수밖에 없다. 즉, 예술의 기본 혹은 기초적인 형태가 나타나기 시작한다. 신전을 예를 들면, 고대 그리스 신전은 원주(원형 기둥)와 이 원주들이 떠받치고 있는 직각 형태의 지붕, 그리고 회랑, 파티오(뒷 정원)의 특징을 지닌다. 앞과 뒤에 일렬로 원주들을 배치한 복식 주랑은 대표적인 고대 그리스 건축 양식이다. 이러한 공간은 벽으로 둘러싸임으로써 내부와 외부가 차단되지 않고 트인 특성을 가지며, 자연스럽게 사람들이 이곳으로 모여 배회하고 원 기둥 주위를 돌아다닐 수 있게 하는 매력을 지닌다. 원시의 상징성을 띤 원 기둥은 말 그대로 상징을 띠며, 조각형태를 띠기도 한다. 초를 받치는 여인조각은 상징건축이었고, 신전을 떠받치고 있는 여인상(노예의 옷을 입고 있다)도 마찬가지 이다. 이렇듯, 그리스 시대 원 기둥은 떠받치는 기능에 충실하다. 원기둥이라는 것을 분명히 하기 위해 아래에는 주각(basis)을 두어 원기둥의 시작을 알리고, 위 천정과 닿는 곳에는 주두가 있다. 원기둥의 양식으로는 도리아, 이오니아, 코린트식이 있다. 도리아 원기둥 양식에는 주각이 없으며 두껍고 높이가 상대적으로 낮으며, 이오니아 양식에는 얇고 높은 특징이 있고, 코린트식 원기둥의 주두에는 아칸더스 식물잎 모양의 장식이 있다. 유럽여행을 하게 되면 이러한 원기둥을 가진 건축물을 많이 보게 되는데 이러한 양식을 구별해서 보는 것도 재미있을 듯하다.

낭만건축의 대표적인 양식인 고대 로마 고딕양식은 종교적 인간 내면을 건축에 담기 시작한다. 낭만의 특징은 기존과 다른 무엇을 만들어낼 수 있을 때 가능하다. 로맨틱하다는 말은 여기서 생긴듯 하다. 외부로 향하던 건축이 내면으로 그 특징과 가치를 가지고 와 외부와 내부를 차단하기 시작한다. 성당이 대표적인 예이다. 내부에 여러 원기둥들이 존재하는 것은 구조물 전체를 떠받치는 목적도 있지만, 원기둥 위의 아치 구조와 자연스럽게 연결되는 하나의 미적 구조물로서의 특징도 가진다. 성당 내부에서 원기둥, 아치로 이루어진 높은 공간을 바라보면 안정된 바닥을 벗어나 어지럽게 위로 치솟아, 결국 전능한 신으로부터만 안정을 찾을 수 있다는 메시지를 전달하는 구조이다. 스테인 그라스는 외부의 빛을 차단하고 성화 등이 그려져 있기도 하지만, 내부의 촛불이 제 역할을 할 수 있도록 외부의 강한 햇빛을 차단하고, 그렇게 함으로써 성당 내부에서의 환경을 보다 성스럽게 만든다. 또한 성당 내부는 하나의 도시와 공동체를 옮겨 놓은 구조이다. 예배하는 사람들, 오가는 사람들, 토의하는 사람들이 자연스럽게 교차하면서도 서로 방해받지 않게 해주는 구조를 가진다. 여러분도 유럽의 성당을 방문할 기회가 있으면 미학의 범주에서 성당 건축을 한 번 감상해 보시길 바란다.

정원은 건축 주위에 위치하면서 울타리 역할과 사색, 산책, 놀이의 공간이어야 하며, 그 자체로서의 의미를 가지고 인간을 끌어들여서는 안 된다고 헤겔은 말하였다. 여러분도 동의하시는지? 아무리 의미 있는 것을 가지더라도 곧 싫증나게 된다는 이유였다. 싫증을 느낀 이후의 정원은 부담이 될 수밖에 없다는 것이다.

(3) 음악

감각을 빌어 외부의 대상을 관찰함으로써 느껴지는 내면의 영상, 추상, 표상 등을 색채, 선의 효과 등을 이용하여 일정한 평면공간에 표현한 예술이 회화라면, 내면에서 외부로 나오지 않고 '내면에서' 영상, 추상, 사유의 결과, 감성 등이 가라앉도록 하는 주관적 표현이 음악이다. 음악은 우리 내면 감정의 흐름과 가장 닮은 예술양식이다. 그래서 음악은 심금을 울린다. 또한 '음(音)'이라는 독립 가능한 주체의 힘을 빌려 우리 내면으로 끌어들임으로써 감정의 요동, 흐름을 표현하고 때로는 유도해낸다. 다만 이러한 음은 독립적으로 존재할 수 있는 주관적 매체이므로 자칫 음 자체로서의 주관적 독립이 지나치게 강한 경우에는 그야말로 음으로서 특정 시간에 존재하는 것이기 때문에 우리 내부의 흐름과 무관해질 수도 있음에 주의해야 한다.

음은 회화, 조각, 건축과는 달리 공간을 차지할 수 없기 때문에, 시간의 연속성을 확보할 수 없다. 영원하지 않기에 짧은 찰나의 순간 공간 속으로 나와 진동하고는 사라짐으로써 깊은 여운을 남긴다. 이 깊은 여운의 힘은 음악이 무엇보다도 사람들의 마음을 하나로 하는 '화(和, harmony)'의 능력을 가지게 한다. 음악은 반복하여 표현되지 않는 한 시간 속으로 사라지는 양식이다. 개념적으로 보자면 찰나의 작은 시간, 연속시간을 부정하는 부정성, 필연보다는 우연(물론 인간 내면은 어차피 우연이기는 하지만)에 가깝다. 음악만큼 출렁거리는 우리 내면의 우연성과 일치하는 예술분야도 드물 것이다.

음악은 주관의 표현을 '음'이라는 매체에 의지하는 면에서 언어라는 매체를 이용하는 시문학과 닮아 있다. 이러한 이유로 음악과 문학이 합쳐지는 오페라, 뮤지컬, 가요 등의 예술분야가 사랑받아 왔고, 여전히 그렇다. 음은 우리 감성과 이성의 경계를 뚫고 들어올 수 있는 능력을 가진 것도 있지만, 그렇지 못하여 오성 혹은 직관 영역의 흐름과 갈등만 표현하는 것도 있다. 또한 전자라고 하더라도 국가 혹은 개인에 따라 음의 흐름과 표현이 내면 감정과 일치, 조화, 통일되지 않는 경우도 있다. 뮤지컬(혹은 오페라)에서 이야기(시문학 파트)에 빠져 듣던 사람들이 노래(음악 파트)가 나오면 집중력을 잃는 경우도 있지만, 노래는 공감하다가도 이야기 부분에서는 관심을 잃어버리는 사람들도 있다. 가요에서도 가사가 정말 훌륭할 때는 음이 이를 넘어서서는 안 되며, 작곡이 훌륭할 경우에는 가사가 이를 방해할 정도로 심각해서는 안 된다. 이런 이유로 헤겔은 실러의 시에 곡(교향곡 9번)을 붙인 베토벤을 미워했었다고 한다.

생각의 단편

하루는 필자의 아들이 학교에서 돌아오는 길에 학교에서 들은 어떤 작곡가의 음악이 좋아 머릿속에서 자꾸 생각난다고 하면서 왜 요즘 시대에는 베토벤과 같은 유명한 음악가가 없냐고 물었다. 음악에는 문외한인 그걸 필자가 어떻게 알겠느냐만, 짐작컨대 음악은 인간내면 감정의 물결을 표현한 것이라고 하지 않는가. 현대 사람들은 더 이상, 내면적 활동을 하지 않는지도 모른다. 아니, 하고 싶어 하지 않을 수도 있다. 꽃을 꽃으로 보지 않으며, 삶을 얘기하지 않으며, 구름을 더 이상 바라보지 않는 것과 유사하다. 시간이 무엇인지 더 이상 궁금해 하지 않는다. 음악이 설 곳이 없는 것이다. 다만 음악 자체가 아닌 다른 수단을 이용한 음악은 예나 지금이나 활발한데, 사랑의 언어를 춤과 같은 몸짓을 이용하는 것이다. 그 이유로 케이팝과 같은 가요 장르는 오히려 대중의 관심을 끌 수 있고 그 역동적 생명력을 유지해간다.

기후변화, 지구온난화의 시대를 살면서, 여러분은 예술의 여러 장르에서 기후변화 이슈를 느끼는지? 건축에서 지구온난화의 과학, 공학, 이데올로기 등을 표현하기 시작하고 있는지? 회화, 현대미술, 음악은 또 어떨까? 설국열차, 애프터어서, 엘리시움 등의 영화에서는 지구온난화 위기가 이미 현실이 되었다. 과학자들은 어느 사이 지구온난화를 연구비 이상으로 보지 않을 때 이 이슈를 예민하게 표현하기 시작하는 것은 예술가들인가 보다. 이제 곧 사회과학자의 이데올로기화 작업이 시작될 것 같다는 것은 저만의 기우일까? 하이데거는 그의 책, 'the Origin of the Work of Art'에서 고흐의 'Shoes'라는 작품을 들어 예술을 설명한다. 잠시 인터넷에서 고흐의 이 작품을 한 번 감상해 보길 바란다. 하루를 마치고 집으로 돌아온 농부의 신발이라는 해설도 있다. 흙이 묻은 낡은 신발은 이 신발을 아주 오랫동안 신고 노동을 했을 사람의 세상을 고스란히 담고 있다. 이 작품은 정물화이면서 인간의 삶을 담고 있는 것이다. 지금 신고 있는 여러분의 신발을 한 번 보자. 만약 여러분의 신발이 최근 산 것이라면 상표, 가격 그리고 그 신발의 용도 등이 여러분의 머리에 떠오를 것이다. 만약 한 달쯤 신은 신발이라면 그 신발은 여러분의 한 달의 삶이 담겨 있을 것이다. 일 년 동안 신고 다닌 것이라면 일 년의 삶이 담겨 있다. 만약 10년쯤 신은 신발이라면 어떨까? 개인적으로 나에게는 10년이 넘은 랜드로버 구두가 하나 있고, 지금도 즐겨 신고 다닌다. 나에게는 오래된 친구와 같다. 10년의 시간은 한 달, 1년의 시간과는 분명 다른 무언가를 가진다. 그 신을 신고 함께한 경험들이 있으며, 즐거운, 행복한 추억도 있지만 아픈 기억도 담겨있을 것이다. 미국의 콜로라도 로키산도 하이킹했고, 스페인의 해변도 거닐었고, 지리산 둘레길도 가족과 함께 걸었다. 편하다 보니 이 신을 신고 축구공을 차기도 했으며 국제학회에서 발표도 했었다. 나에게는 그런 신발이 하나 있다. 여러분에게도 이런 신발이 있는가? 꼭 신발, 구두가 아니라도 그와 비슷한 여러분의 10년을 담고 있는 물건이 있는가? 고흐는 이 작품을 통해 한 사람의 인생, 삶을 담고 싶어 한 듯하다. 정지된 한 순간을 그린 그림이지만, 그것은 정지된 시간이 아니라 환등기의 영상처럼 흐르고 있는 시간을 보여준다. 고흐의 이 작품을 감상하는 사람은 작품의 이미지를 통해, 자기 자신의 경험과 추억의 시간들이 고흐의 구두를 통해 미장센으로 표현되고 있음을 느낀다. 이것은 표상이라고 이미 설명한 바 있다. 많고 적음의 차이가 있겠지만, 기능공의 손을 빌려 자연의 재료로 만들어진 구두는 한 사람의 삶으로 들어가 그 삶을 담기 시작하여 오랜 시간을 함께 한다. 그리고 그 흔적은 구두를 낡게 만든다. 낡음은 처음에 의도했었던 기능들을 점점 상실하게 된다. 1년 후, 아니 몇 달 만에 그 기능이 중단되고 버려지는 구두도 있다. 그런가 하면 10년 이상을 주인과 함께 하는 구두도 있다. 잠시 이런 해석을 해본다. 새 구두는 자연과학의 눈으로, 어느 정도 사용한 구두는 가치라는 도덕률로 바라보길 부탁한다. 구둣가게에 진열된 새 구두는 사람마다 차이가 있겠지만 누구나 신을 수 있다. 새 구두는 그렇다. 하지만, 일단 구두를 신기 시작하고부터는 차이가 생긴다. 어떤 사람은 한 달 신은 구두는 기능을 다했다고 버릴 수 있다. 고도의 정밀한 슈팅 기술이 필요한 바르셀로나 메시 같은 선수는 매번 새로운 축구화를 필요로 할 수 있을 것이다. 즉, 메시에게는 한 달이 지난 축구화는 더 이상 신발이 아닐 수 있다. 하지만 축구선수가 아닌 사람은 축구화를 그보다 훨씬 더 길게 사용할 것이다. 이는 동일한 사물, 비슷한 현상, 상황을 두고 사람들의 선악 혹은 선호하는 가치 판단이 다른 것과 유사하다. 누군가 구두를 사서 신다가 한 달 만에 그 구두를 버리고 다른 구두를 신는다고 여러분은 그 사람을 비난하면서 비도덕적이라고 하는지? 그럴 수도 있지만 정말 가까운 가족이나 친구가 아니라면 그런 일에 간섭하기 힘들다. 앞에서 언급한 바와 같이, 10년을 신은 구두를 바라보는 시각은 더더욱 다양할 수 있다. 어떤 이는 낡은 구두에 대해 궁상맞다고 할 것이고, 어떤 이는 검소하다는 평을 할 것이다. 어떤 이는 예의를 얘기하며 또 다른 어떤 이는 경제를 얘기하기도 한다. 이 모든 것이 각기 다른 사람들의 다른 세상(the World)이다. 우리는 그런 세상을 살고 있는 것이다. 그것을 고흐는 구두라는 작품을 통해 표현하고 있는 것이다.

바실리 칸딘스키(1866~1944)는 러시아 태생이지만 후에 작품 활동은 독일에서 했다. 필자가 파리의 오르세 미술관에서 만난 칸딘스키의 작품은 인터넷 등에서 대표작으로 소개하는 것과는 차이가 있는 풍경화들이었다. 초기 작품은 풍경화, 사람들을 그린 것이었다. 점차 우리가 대표작이라고 알고 있는 작품들로 옮겨가는데, 칸딘스키는 과학을 공부하는 사람들에게 흥미를 줄 수 있는 작업을 한 화가였다. 그는 'Point and Line to Plane'이라는 책을 통해 그의 작품 배경이 되는 이론을 설명한다. 물론 그의 이론을 모른 채 작품을 감상해도 되지만, 그의 이론을 공부하고 작품을 보면 또 다른 감상이 가능하다. 대부분의 회화작품들이 작가의 배경 설명 없이 감상하는 것이 좋을 수 있지만, 칸딘스키 작품은 그의 이론을 모르고 감상하는 것보다는 알고 보는 것이 좋을 듯하다. 즉, 그의 작품을 읽어가는 것이다. 여기서 간략하게 그의 회화 이론을 소개하기로 하겠다. 점(point)은 태초에 아무 것도 없는 상태를 나타낸다. 우주의 기원으로서의 없음(없을 '무')이다. 아무 것도 없다가 한 순간 크게 폭발(빅뱅)하여 우주가 생성되었다는 이론이 있지 않는가. 우리의 마음도 비슷하다. 아무 생각도 없다가도 엄청난 계획을 세우기도 하고 불같이 화를 내기도 한다. 그 우주에, 그 마음에 아무 것도 없었다는 것이 믿기지 않을 정도이다. 식물의 씨앗도 그러하다. 그렇게 작은 씨앗 속에 큰 나무가 들어있다는 것을 때로는 믿기 힘들다. 칸딘스키의 점(point)은 없음과 모든 것을 동시에 표현하는 수단이다. 점이 이어지면 선이 된다. 우리는 반복된 선을 통해 혹은 굵은 선을 통해 강조하는 내용을 표현한다. 얇고 섬세한 선을 통해 정밀한 것을 표현하고 감정의 예민함을 표현할 수도 있고, 점선을 통해 기억의 파편을 표현할 수 있다. 원은 원만함과 인생을 표현할 수도 있고 돌고 도는 사람들의 관계를 나타내기도 한다. 사각형은 인간의 날카로운 이성(reason)을 나타낸다. 90도보다 작은 각은 젊음을, 90도보다 큰 각은 나이듦과 원숙미를 나타낸다. 이런 식으로 칸딘스키는 회화 표현의 수단을 수학과 같이 정의한 이후에 하나의 작품 속에서 이를 활용한다. 색도 마찬가지이다. 젊음의 색, 시들어가는 색, 이성의 색들로 정의한 이후에 이를 이용해서 작품을 만든다. 칸딘스키의 색 이론은 괴테의 색채론에 기초하였다.

질문

1. 칸딘스키는 회화에 과학적 방법을 접목한 독특한 화가였습니다. 또한 색과 빛에 대해서는 괴테의 색채론을 계승한 예술가이기도 하였다. 그의 책 속('Point and Line to Plane')에서 정의한 그의 이론을 이용하여 그의 작품 하나를 골라 나름대로 해석해 보세요. 본문의 칸딘스키를 설명한 글을 참고해 주세요.

2. 고흐의 'Shoes' 작품에 대한 토의를 기반으로 하여 사물 하나를 정해 기후변화 주제와 연결하여 고흐 식으로 표현해 주세요.

11. 기후변화와 언어

연세대학교 국문과 출신 기형도 시인은 1987년 서울파고다극장에서 인생을 마감했다. 그가 남긴 시집인 입속의 검은 잎에 '소리의 뼈'라는 시가 있는데, 다음과 같다.

소리의 뼈

기형도

김교수님이 새로운 학설을 발표했다
소리에도 뼈가 있다는 것이다
모두 그 말을 웃어넘겼다. 몇몇 학자들은
잠시 즐거운 시간을 제공한 김교수의 유머에 감사했다
학장의 강력한 경고에도 불구하고
교수님은 일학기 강의를 개설했다
호기심 많은 학생들이 장난삼아 신청했다
한 학기 내내 그는
모든 수업 시간마다 침묵하는
무서운 고집을 보여주었다

참지 못한 학생들이, 소리의 뼈란 무엇일까
각자 일가견을 피력했다
이군은 그것이 침묵일 거라고 말했다
박군은 그것을 숨은 의미라 보았다
또 누군가는 그것의 개념은 중요하지 않다고 했다
모든 고정관념에 대한 비판에 접근하기 위해 채택된
방법론적 비유라는 것이었다
그의 견해는 너무 난해하여 곧 묵살되었다
그러나 어쨌든
그 다음 학기부터 우리들의 귀는
모든 소리들을 훨씬 더 잘 듣게 되었다.

이와 비슷한 경험을 필자는 영화 '뮤지엄 아워스(2014)'에서 하였다. 인디 독립영화에다가 특별한 스토리 전개가 있는 영화가 아니어서 이 영화를 보면서 관객 중 자는 사람들도 있었다고 한다. 그럴 수도 있겠다 생각했었는데, 영화를 보면서 언뜻 한 가지 특이한 점을 발견했다. 이 영화는 배경음악이 영화 처음부터 끝까지 없다는 것이다. 오로지 장면과 대사만이 있었다. 대사가 없는 장면에서는 정적만이 이 영화를 설명했다. 어떻게 보면 관객을 전혀 배려하지 않는 영화인 듯 했다. 감동적인 혹은 감동적이라고 감독이 생각하는 장면에서는 배경음악으로 관객의 마음을 적셔야 하는데 그런 음악이 없다. 예능프로그램에서 수없이 제공되는 자막, 효과음악, 그리고 심지어 어디에서 웃어야 하는지 알려주는 웃음소리(canned laughter ; 통조림 웃음)에 익숙한 우리에게는 생소할 수밖에 없는 영화이다. 관객은 눈을 통해 사건의 진행을 보고 대사라는 언어를 들으며 이해하고 감상할 수밖에 없다. 영화를 보고 나오면서 필자는 기형도 시인의 소리의 뼈를 생각했다. 영화의 감동은 오로지 관객의 몫이라는 Jem Cohen 감독의 주장을 듣는 듯 했다. 감독은 영화의 엔딩장면에서는 음악을 들려주었다.

인류가 처음 말(언어)을 사용했을 때를 한 번 상상해보자. 인류는 소통하기 원하면서 말을 만들어 사용하기 시작했을 것이다. 당연히 문자가 아니라 소리언어였을 것이다. 혹시 여러분은 인류가 소통을 위해서 왜 말을 택했을까 궁금하지 않은지? 행동을 통한 혹은 지금의 우리가 미처 생각하지 못한 방법을 이용한 소통도 있었을 것인데 말이다. 인류와 언어의 역사에서 벽화나 유적 등으로 유추해보면, 언어를 사용한 네안데르탈인이 언어를 사용하지 않았던 크로마뇽인들을 몰살시켰다고 한다. 인류의 종족을 멸족시킨 곳들에는 두개골이 부서진 유골들이 발견되었다고 한다. 그런데 크로마뇽인들의 유적지 근처의 벽화를 통해 유추해보면 크로마뇽인들은 언어가 아닌 텔레파시로 소통했을 가능성이 있다는 것이다. 즉, 우리는 네안데르탈인의 후예이기 때문에 텔레파시를 이용한 소통능력이 없는 것이다. 이런 것은 일부 학자들의 가설이고 유추된 역사이겠지만, 만약 이것이 사실이고 크로마뇽인이 멸종당하지 않았다면 지금 우리는 굳이 스마트폰을 사용하지 않아도 될 텐데 말이다. 크로마뇽인은 사라졌지만 네안데르탈인과의 혼인을 통해 일부 피가 현존 인류에 남아 있기 때문에 비록 작은 능력이지만 우리에게 텔레파시의 능력이 남아 있을지도 모른다.

언어를 사용하던 인류는 말은 한 번 나오면 사라지고 마니 문자의 필요성을 느꼈을 것이다. 문자는 사라지지 않고 남을 수 있는 장점이 있지만, 말과는 엄연히 다르기 때문에 왜곡될 가능성이 늘 있다. 상징이기 때문이다. 전 장에서 다룬 예술에서도 상징은 감상하는 사람의 주관적 해석에 따라 의미가 달라질 수 있음을 알았다. 문자에는 일정한 암묵적인 약속이 있고 규칙도 존재할 수 있지만 여전히 말로 전달되는 의미와는 다소간 차이가 있을 수밖에 없다. 어떤 민족은 언어의 뜻을 전혀 담지 않은 문자를 만들어 사용했고, 어떤 민족은 언어의 의미를 어느 정도 담고 있는 문자를 사용했다. 한자와 같은 상형문자는 후자이고, 한글과 영어 등은 전자이다. 어쨌든 문자가 만들어지고 사용하면서 문자는 말 언어를 넘어서는 의미를 가진다. 한 개인도 언어를 사용하면서 경험한 기억(memory)을 이미지로 만들고, 다음 경험에서 언어는 은유(metaphor)와 알레고리(allegory)를 만들어낸다. 부족, 민족, 국가의 언어도 수많은 기억들과 은유로 인해 변해갈 수밖에 없다. 언어는 원래의 모습으로 돌아가는 것이 불가능한 것이다. 이런 측면에서 보면 발음 하나, 문자로서의 언어 표현 하나 틀리면 큰 일 난 것처럼 정색하면서 고쳐주는 방송국 아나운서들을 볼 때마다 그 분들의 언어에 대한 생각은 무엇일까 궁금하기도 하다. '짜장면'을 '자장면'이라고 말해야 했었던 경험이 그 중 하나이다. 언어는 정해진 진리가 아니라 끊임없이 변하는 시대 속 사상이고 표현 수단이다. 필자가 말하고 싶은 것은 똑똑한 아나운서의 정확한 발음으로 문장을 들었다고 하여 우리의 의사소통이 완벽하게 이루어지는 것이 아니라는 것이다. 병적으로 정확한 발음을 강조하는 8시, 9시 뉴스 앵커의 뉴스를 들으면서 여러분은 세상의 진리를 듣는다고 생각하는지? 정확한 발음도 좋지만 우리가 뉴스를 통해 듣고 싶은 것은 다른 진실이 아닐까 생각한다. 문자의 회귀는 불가능하고, 이미 오랜 시간 변화해온 문자는 이제 우리가 어떻게 해 볼 수 있는 단계가 아닌 듯하다. 이제는 철학이나 문학뿐만 아니라 과학도 문자 없이는 불가능하게 되었다. 언어는 이제 기억과 은유의 집합체를 넘어 망각의 수준까지 왔으며, 데리다의 차연(differance) 개념인 듯하다. 데리다의 차연은 현실과 언어의 간극을 극복하기 위해 연기된 시간을 이용한 노력이다. 기록으로 남기지 말라고 하였던 소크라테스의 걱정을 우리는 이제야 이해하게 되었는지도 모른다. 지젝도 언어를 존재의 고문실이라고 표현했습니다. 보스니아 인종청소 범죄의 리더였던 Radovan Karadzi가 시인인 것은 결코 놀랄 일이 아니다. 시인이 아니고서는 대중을 어떻게 그렇게까지 선동할 수 있었겠는가. 이 글을 쓰고 있는 순간, 문득 언젠가 문자가 없는 진리를 간직한 도서관(문맹 도서관)을 만들 수 있을까 하는 생각이 든다.

언어를 바라보는 대표적인 시각들이 있다. 최소한의 문법으로 문장, 언어사용이 이루어진다는 언어구조주의와, 하나의 행동은 하나의 의미를 담으면서 문장으로 만들어져 쌓여간다는 언어행동주의이다. 이번 수업이 전문적인 언어를 다루는 시간이 아니며, 또한 필자가 언어학 전문가도 아니지만 우리가 사용하고 있고 사용해야만 하는 언어에 대한 생각을 해보았으면 한다. 여러분은 언어구조주의와 언어행동주의 중 어느 쪽이 좀 더 설득력이 있다고 믿는지? 이는 1950년대 이후 오랜 논쟁이 되었었던 언어학자 촘스키 교수(MIT)와 심리학자 스키너 교수(하버드대학 심리학과)의 논쟁이기도 한다. 유명한 학자들의 에피소드로 끝내지 마시고 여러분도 평생 사용하고 있는 언어에 대해 잠시 동안의 생각을 해봐주길 부탁한다.

과학도, 공학도 언어 없이는 표현될 수 없다고 이미 논의하였다. 언어는 기억의 흐름이기도 하지만 망각의 결과이기도 하고, 은유를 통해 시간을 거스르기도 한다(차연). 기후변화의 이슈도 예외가 아니다. 기후변화, 지구온난화를 설명하면서 사용되는 단어들과 문장을 우리는 전문가가 아니더라도 세심히 바라보아야 한다. 유엔기구

(UN), IPCC, UNCTAD, GCF 등의 단어가 가지는 위력을 우리는 너무나 잘 알고 있다. 이러한 이슈들을 만들어낸 초강대국들의 토의, 논쟁 하나하나에 우리는 갈대처럼 흔들리고 있는지 모른다. 이러한 현상은 10년 전부터 유행하여 지금도 과학의 지배 이슈인 나노바이오 분야를 연상하게 한다. 나노바이오 분야는 뜨겁게 타오르다 지금은 식고 있는 이슈이다. 그 많은 연구투자의 결과가 과연 무엇이고 그 쓰임은 무엇인지, 투자된 엄청난 비용과 비교해 보면 참 왜소하게 느껴진다. 문제는 나노바이오 분야의 연구를 열심히 하는 과학자들이 아니라, 이를 이용하려는 일련의 그룹이 있다는 안타까운 사실이다. 이제 그들은 그들의 의도대로 목표하는 바를 부여잡았는지 모르겠다. 누구의 말대로, 역사는 반복되는 것인지 아니면 끝없는 신화의 반복인지도 모른다. 문제는 나노바이오 연구 분야이든, 지구온난화 연구이든 과학적, 공학적 접근이 아니라 언어적, 은유적 확장이 우리의 의식과 판단을 흐리게 한다는 것이다. 때로는 대상없는 상상력(hallucination)으로 엄청난 위력의 존재를 만들어 낸다는 것이다. 과학자는 과학을 해야 하고 공학자는 공학을 해야 하는데 부풀려진 환상 속에서 의미 없는 반복적 데이터 생산과 실체 없이 존재감만 커져버린 시뮬레이션에 집중하고 있다는 점이다. 그러면 이러한 일들을 누가 하는 것일까? 우리는 의식적으로 이를 알아내려고 노력해야 한다. 어쩌면 우리 자신들도 이미 '그들'이라는 큰 문화의 일부인지도 모른다. 문화는 우리와 같은 주체들이 행한 행동, 그 행동 결과의 객관적 질서이기 때문이다. 언어라는 상징성을 입은 문화는 우리를 조절하기도 한다. 때로는 죄책감으로 위협하고 책임감으로 설득하면서 말이다. 대안이 없다고 하기도 한다. 재앙이라고 하기도 하며 미래를 위한 사명을 논하기도 한다. 들떠 있는 현상들은 어김없이 상징적이면서 멋있게 포

장된 언어와 문장들을 수반함을 발견할 수 있다. 기형도의 시, 소리의 뼈에서 '김교수님'이 침묵을 고집한 이유가, 데리다가 해체를 주장한 배경일 것이다. 그리고 필자가 '문맹 도서관' 개념을 만들고 싶은 이유이기도 하다.

여러분은 영어강의에 대해 어떻게 생각하시는지? 영어강의에 대한 수많은 비판을 이미 접한 여러분들이라 식상해 할 수도 있다. 필자는 기후변화라는 수업을 영어강의로 한 학기, 한글강의로 두 학기 진행한 바 있다. 필자의 확고하지 못한 지식이 가장 큰 이유이지만 영어강의와 한글강의는 동일한 교재와 주제를 다룬다 하더라도 학기가 진행되면서 많은 차이를 가졌다. 영어가 모국어가 아닌 교수와 학생들이 가지는 한계가 아무래도 가장 큰 이유일 듯하다. 또한 영어와 한글, 언어 자체가 가지는 의미도 우리는 무시하기 힘들다. 예를 들어, 정체성이라는 한글단어와 영어 identity를 우리가 들었을 때 받아들이는 의미, 감정, 은유 혹은 이미지가 다르다는 것이다. 개념과 concept, 감각과 sense, 유사성과 analogy 등 많은 경우 그렇다. 특히 이러한 언어가 과학과목이 아닌 일반적인 토론에서도 미치는 영향은 결코 적지 않다는 경험을 하였다. 최근 2014년 르몽드지에 '네덜란드 대학에서의 영어강의'에 대한 글이 실렸다. 네덜란드는 국제교육, 교육의 세계화 등의 여러 가지 이유로 1989년 이후 대학 강의를 영어로 진행해왔다. 게르만 언어 근원을 가진 네덜란드어와 유사한 영어인 이유로 네덜란드 대학에서 영어로 강의를 진행하는 것은 큰 성공을 거두게 되었다. 우선 네덜란드로 유학을 오는 인근 독일 학생들이 급격하게 증가하였다는 것이다. 독일의 학문이 네덜란드보다 못한 이유가 아니라 영어강의, 영어교육이라는 이유이다. 유럽인들의 영어에 대한 열망은 비단 독일만이 아니라 다른 국가들도 마찬가지이다. 이 결과, 네덜란드 대학에서는 네덜란드인인 지도교수와 네덜란드인인 학생들 사이에서도 영어로 토론하는 경우가 많다고 한다. 네덜란드 대학(예, 델프트공대, IHE 프로그램 등)에는 적지 않은 한국학생들이 유학을 하고 있는데 영어만 사용해도 전혀 불편함이 없다고 한다. 수업뿐만 아니라 학교생활에서도 마찬가지이다. 식당 등에서 영어로만 해도 얼마든지 통하니까 말이다. 하지만 최근 20년 이상의 네덜란드 대학에서의 영어강의, 캠퍼스 영어 이용에 대한 우려의 시각과 관련된 현상들이 관찰되기 시작했다는 것이다. 영어강의, 영어를 이용한 연구, 토의 형성은 네덜란드 고유문화와는 무관할 것이라는 확신과는 달리 우려되는 상황들이 나타나고 있다는 것이다. 네덜란드 학생들 사이, 교수와 학생들 사이에 행해지고 있는 영어를 이용한 토론이 대표적인데, 향후 네덜란드 언어로 표현될 수 있는 학문영역의 축소로 이어질 수 있다는 것이다. 시행 시기가 짧아 아직 그 구체적인 상황변화에 대한 예측을 하기는 이르지만 가능성은 얼마든지 있다는 것이다. 앞에서 언급한 것과 같이 정체성이라고 말하는 것과 '아이덴티티'라고 말하는 것은 엄연히 다릅니다. 이렇게 1 : 1 단어 교환이 가능한 것은 그래도 나은 편이다. 대응되는 적당한 단어가 없는 경우에는 이를 통한 언어경험이 쌓여가고, 관련된 경험과 은유, 기억들이 우리 개개인, 대학, 전문가 그룹에 축적되어 간다면 그 결과가 어떻게 될지 예측하기 어렵다. 그럼 한국 대학의 경우는 어떤가? 다행이라고 해야 할지 모르겠지만, 한국은 네덜란드만큼 영어강의, 캠퍼스 영어 사용의 영향이 크지 않은 듯하다. 그것은 우리의 문화가 확고해서가 아니라 영어 수업에서의 영어를 이용한 토론에서의 언어능력의 한계로 원활치가 않다는 것이다. 대학교육에서의 영어 강조는 한국이 네덜란드 못지않을 것이며, 아마 더할 수도 있다. 다만, 언어 간의 차이 때문에 네덜란드만큼 대학에서의 성과가 효율적으로 나타나지 않는다는 것이다. 하지만 그렇다고 부작용이 덜 하다고 할 수는 없다. 수업은 언어능력의 부족으로 잘 이루어지지 않지만 여전히 교재, 전공용어 등에서 영어의 중요성, 영향은 갈수록 커지고 있기 때문이다. 또한 대학원 과정에서의 논문발표, 저널 투고 과정에서 영어는 거의 절대적인 기준이기 때문이다. 이러한 여러 상황들이 지금까지 시행된 시기만큼 혹은 그 이상으로 반복된다면 우리가 생각하고 판단하고 기억하는 대학 교육과 연구계 체계 자체에 변화가 나타날 수 있다는 우려가 생긴다. 고유한 학문의 분위기, 문화까지는 영향을 미치기 힘들 것이라는 손쉬운 낙관을 가지기 힘든 일들이 가까운 시기에 나타날 수 있다. 기후변화 강의를 진행하면서 학생들의 레포트, 프로젝트 결과를 읽어보면 이미 그러한 현상들이 나타나고 있다고 판단한다. 기후변화의 언어는 우리의 것이 아니다. 또한 거기에는 한글에 기반 한 그 어떤 개념도, 생각도, 은유도, 경험도 묻어있지 않다. 문제는 그 자체가 아니라 그것을 너무나 당연하게 받아들이고 있는 우리들의 의지라고 본다. 가져와서 원래의 본체에 붙이면 시스템이 업그레이드 될 수 있다고 생각하는 단순한 논리는 그 출처가 어딘지 이해하기 힘들다. 지식을 돕는 언어는 철저하게 해당 지식뿐만 아니라 그 지식을 언젠가는 사용하게 될 사람들(우리 자신을 포함한), 사회, 국가의 것이어야 한다. 그러한 노력과 고민이 없는 지식은 그냥 지식의 파편으로 남아 도구로 전락하게 될 것이며, 만들어 낸 사람, 사회, 국가의 언어에 기반한 해당 지식의 속박에서 벗어나기 힘들어지게 된다. 우리는 이미 수많은 컴퓨터, 스마트폰 등에서 이를 경험하고 있다. 삼성갤럭시, LG폰을 사용하고 있기 때문에 우리의 지식에 기반한다고 믿는 것은 아닌지.

질문

영어강의 수업에 대해서 긍정적, 부정적 생각을 가진 학생, 학부모, 주위 사람들과 얘기를 나누어보고 본인의 생각을 정리해 보세요.

12. 기후변화와 정치, 경제학

지금까지 우리는 기후변화(기온이 올라간) 실체, 여러 가지 영향력을 미치고 있는 존재들이 있다는 것을 알았다. 세계 인구 70억인데, 인구 약 5천만 명, 경제규모 Gross Domestic Product (GDP) 기준으로 14위(미국 14조 달러, 중국 6조 달러, 일본 5조 달러, 우리나라 1조 달러), 탄소배출량 기준 9위(중국 1위 77억 톤, 미국 2위 54억 톤, 인도 3위 16억 톤, 한국 9위 5억 톤)인 한국이 '기후'가 새로운 이데올로기로 떠오르는 시대에서 할 수 있는 것은 무엇일까? 경제규모, 탄소배출량, 우리가 가지고 있는 국제 관계에서의 역할 등을 고려할 때 우리 개개인의 노력이 어느 정도의 영향력을 지구에 미칠지 냉정하게 생각해볼 필요가 있다. 이 말은 세계 전체 규모를 고려할 때 우리의 영향이 작으므로 손 놓고 있자는 뜻이 아니라, 냉정하게 역할을 생각해 보아야 한다는 것이다. 여름철이면 늘 우리는 가정의 절전이 국내 전체 전기량에서 차지하는 비율이 낮은데도 불구하고 절전 스트레스는 산업계보다 높게 다가오는 경험을 한다. 우리는 어린 시절부터, 학교와 직장의 운동회는 빠지면 안 되고, 회식은 끝까지 참석해야 하는 등의 몇 가지 불문율이 있다. 운동을 좋아 하지 않아 혹은 잘 하지 못해 체육대회가 싫은 사람이라도 조직을 위해서는 참석하여 운동 잘 하는 사람들의 잔치에서 하루 종일 박수를 쳐주어야 조직을 위하는 사람이 된다. 술을 싫어하고 그 문화를 꺼리는 사람도 어쩔 수 없이 회식에 참석해야만 한다. 김남주 시인의 '어떤 관료'라는 시가 있다. 그 관료만이 아니라 학생으로서도, 평범한 직장인으로서 싫어도 해야 할 일이 참 많은 문화 속에서 살아 왔고 살고 있다. 이런 식으로만 삶을 살지는 않겠지만 이렇게 수동적인 일들을 해야 할 때면, 우리 자신이 실체이기는 하지만 존재감 없는 영화 매트릭스의 에너지 공급원으로서의 역할이 되는 것을 간접 경험한다. 혹은 빅데이터에 통계자료를 제공하는 구성원이 되기도 한다. 필자가 너무 심한 예를 들었다면 미안한 일이지만 우리 자신을 올바로 본다는 의미에서 좀 더 진행해 보았으면 한다. 여러분 해외에서 개최되는 전문 학술학회에 가본 적이 있으신지? 해외 학회를 가보면 한국인의 한 사람으로서 필자가 냉정하게 평가한다면, 한국은 학회 참가비를 내면서 자리를 채워주는 가장 중요한 아시아 국가 중 하나 이상은 솔직히 아닌 듯하다. 영어를 모국어로, 유창한 영어를 쓰는 서양국가 참가자들 사이에서 존재감을 발휘하는 한국인 참가자는 찾기 쉽지 않다. 물론 최근 한국의 위상이 상당히 높아졌지만 여전히 필자는 냉정하게 우리의 위상을 알아야 한다고 생각한다. 즉, 학교를 다닐 때나 직장에서도 존재감 없는 구성원으로서, 연구에서도 치열한 경쟁에서 최선을 다하지만 속해 있는 세계 속 연구 그룹에서 존재감을 가지고 기여하는 것이 쉽지 않다. 세계로 여행하면서 자부심을 가지고 듣게 되는 한국의 삼성과 LG, 김연아, 싸이라는 존재가 우리 자신이라고 생각하는가? 그 말들을 들으면서 한국인으로서 자부심을 가지신다면 할 수 없지만 말이다. 역할을 충실히 행하는 개인들이 모여 사회가 된다. 물론 강력한 무언가에 의해 사회가 형성되고 그 사회를 지킬 수 있는 개인이 존재할 수도 있다. 하지만 근대사회, 시민사회의 기본적인 특징은 개인의 능력과 역할, 개인의 윤리와 도덕, 그리고 소통이 가능한 개인들간의 관계라고 생각한다. 만약 여전히 강력한 리더십과 권력이 사회를 유지하는데 필요하다면 그 리더십 혹은 권력의 실체가 작동하지 않게 되면 사회는 불가피하게 흔들릴 수밖에 없는데, 전근대적인 사회와 국가의 특징이다.

기후변화의 과학, 영향, 대응전략에 관한 많은 지식들(UN보고서, 논문, 책 등)을 공부하여 아는 것과 기후변화의 위기에 전 지구적 차원에서 개인으로서, 한 공학인 또는 과학자로서, 혹은 한국이라는 나라를 대표하여 세계협의기구, 협의학회에 참여하여 제대로 된 협상, 기여, 실제적 해결책을 찾는 것에는 많은 차이가 있다. 우리는 미국이나 독일, 중국의 국민이 아니라 상대적으로 국토, 경제규모가 작은 나라 한국의 국민, 시민이다. 물론 우리나라보다 더 열악한 아프리카, 동남아시아의 국민도 아니고 한국의 국민이라는 점도 기억해야 한다. 이미 여러 번 얘기한 대로, 실질적으로 기후변화에 효과적인 영향을 미치려면 이산화탄소 배출량을 지금의 약 60%는 감축해야 한다는 것이다. 이것은 우리나라만 열심히 노력하여 탄소를 전혀 배출하지 않는다고 하여 해결될 문제가 아니다. 만약 우리나라의 탄소배출량이 중국이나 미국 정도라면 지구온난화는 국내의 문제일 수 있지만 말이다. 즉, 지구온난화의 위기를 과학적으로 믿고, 이산화탄소가 기후변화와 연관이 있다고 우리가 믿는다고 하더라도, 전 세계의 감축노력을 슬기롭게 이끌어낼 자신 혹은 세계를 조절할 수 있는 힘이 없다면 냉정하게 얘기하여 우리는 섣불리 판단해서도 흥분해서도 안 된다. 그러지 않으면 앞에서 토의한 체육대회에 마지못해 참석한 응원단 일원으로서의 개인, 회식 3차 노래방에 가서 못하는 노래하는 개인, 매트릭스의 에너지 공급원 개인으로 전락할 수 있기 때문이다. 우리가 이 문제에 목적 없이 동조하여 실효 없이 무언가 하려고 한다면 '기후변화, 지구온난화'는 무서운 이데올로기로 우리에게 그들의 '체육대회', '단합대회', '회식 1차, 2차, 3차'에 참가할 것을 종용할 것이며 우리는 어쩔 수 없이 참여해야만 할 것이다.

미국은 오바마 2기 정부가 들어서면서 기후변화의 이슈에 대한 논쟁이 한창이다. 대부분의 과학자들은 기후변화 과학을 지지하지만, 공화당의 대부분 의원, 과학위원회 소속 상원의원들은 기후변화에 대한 인간 활동 측면을 여전히 부정하는 편이다. 반면, 오바마대통령은 기후변화 지지연설을 최근 부쩍 많이 하고 있다. 미국은 이 문제가 중요한 만큼 그들의 의견수렴과 결정이 세계 기후변화 관련 정치, 경제, 과학활동에 엄청난 영향을 미치고 있고, 그 영향력을 높이려고 노력한다. 교토협약을 거부했던 미국이 최근 정치적 학계 학문적인 노력, SNS 등의 활동을 통해 기후변화 이슈에 열을 올리는 것을 미국의 환경위기극복 노력이라고만 순수하게 받아들이기 힘들다. 아마 누구도 그렇게 생각하지는 않을 듯하다. 기후변화는 과학현상, 다가온 지구 위기만이 아니라 가까운 미래 정치, 경제의 새로운 주요한 이데올로기로 부상을 하고 있다는 신호이기도 하다. 하지만 다시 한 번 냉정하게 얘기하자면, 한국이라는 나라에서 기후변화를 믿든지(believer, supporter) 혹은 믿지 않든지(climate change denier) 차이가 크게 없다는 것이 또한 우리의 안타까운 현실이다. 솔직히 우리가 할 수 있는 일이 너무 미미하다. 과학자로서, 공학자로서, 공부하는 학생으로서, 기후변화 과학, 영향에 대한 여러 시나리오와 과학적 해석을 믿을 수도, 믿지 않을 수도 있지만 세상은 그 이상을 우리에게 요구하고 있음도 잊지 말았으면 한다.

2013년 이후 포스트(post-) 교토협정이 본격적으로 논의되고 있다. 2015년 가을 파리에서 개최되는 기후변화 회의에 많은 기대를 하고 있다. 미국이 교토협정 협약국가에서 오래 전에 이미 빠졌고 이로 인해 호주, 캐나다, 최근에는 일본까지 빠져 나갔다. 하지만 상황이 바뀌고 어떤 분위기가 형성되면 모든 국가가 참석하는 기적 같은 일이 일어날 수도 있다. 그것이 정치이기도 하다. 만약 그런 상황이 벌어진다면, 미국과 같은 강대국이 힘의 논리에 밀려 기후변화 협의에 들어온다는 것이 아니라 그 협의에 참여해야 그 국가의 이익을 얻을 수 있는 부분이 적지 않다는 것이 더 큰 이유일 것이다. 러시아는 산업붕괴 이후에 의도치 않았던 엄청난 양의 탄소배출권을 얻게 되었다. 교토협정 때는 빠졌었던 중국, 인도, 브라질, 한국은 상대적으로 유리한 탄소배출권을 가질 확률이 높다. 이들 국가로부터 탄소배출권을 사려는 국가들의 경쟁이 있을 수도 있다. 주로 유럽국가들일 것이다. 또한 경제 개발도상 국가들의 경제발전은 포스트교토협정의 결과에 따라 당연히 영향을 받을 것이며, 배출권을 상대적으로 탄소를 많이 배출하는 국가들에 팔아 경제성장의 동력으로 사용할 수 있겠지만, 반대로 국가의 경제개발의 방향과 양은 늘 선진국들의 영향과 조절을 받을 수밖에 없는 새로운 차원의 녹색 식민주의가 생길 것이라는 예상도 있다. 탄소배출권 거래시장은 현재 영국을 중심으로 하는 유럽시장 위주이지만, 미국을 포함한 탄소다량 배출 국가들이 이 탄소배출시장을 그냥 둘지는 여전히 미지수이다. 탄소거래 자체가 존속될 수 있을지에 대한 예측도 매우 불확실한 것이 사실이다. 이런 현실과 전망 속에서 한국은 어떤 역할을 하게 될까? 또 그런 나라의 한 개인으로서 어떤 역할을 여러분은 기대하는지? 기후변화 과학이 유망하고, 탄소배출권 거래 경제가 새로운 시장이라는 이유로 기후변화 분야가 여러분의 장래라고 믿는 것인지?

이번에는 세계경제의 흐름 혹은 역사를 살펴보았으면 한다. 물론 필자는 경제학, 경제일반에 대한 지식이 부족하다. 다만 일반인으로서 알고 있었으면 하는 혹은 이러한 측면이 있다는 것을 앎으로써 기후변화 혹은 급변하는 기술의 시대에서 과학자, 공학자 혹은 일반 시민의 역할을 다시 돌아볼 기회를 갖고자 한다. 다음 두 권의 책을 중심으로 논의해 보겠다.

- 『지금 당장 이 불황을 끝내라』 2012, 폴 크루그먼, 엘도라도
- 『100% 돈이 세상을 살린다』 2010, 빌토튼, 녹색평론사

2008년 미국 경제위기는 비단 경제적 어려움을 떠나 우리가 확고하게 믿고 있던 것, 즉 절대 선 혹은 권력과 같은 존재가 무너져 내리는 것을 경험하였다. 1991년 구소련 붕괴도 유사한 경험이었는데, 이것이 정치적 사건이었다면 미국의 경우는 경제적 사건이었다. 공산주의, 사회주의 국가의 정치권력이 무너지면 자본주의 시스템으로 완전하게 혹은 일부 변경하여 새로운 국가권력이 들어서면 된다. 그런데 구소련의 붕괴와 더불어 찾아온 냉전시대의 종결과 새로운 힘의 구조는 우리에게 이 세상에 영원한 것은 없다는 경험을 주었다. 자연스럽게 우리는 다음 질문을 하게 된다. 자본주의는 영원할 것인가? 자본주의도 세계 여러 나라에서 어려움과 한계

를 드러내고 있기는 하지만 자본주의 자체가 사라질 것이라고 믿는 사람은 극히 드물 듯하다. 우리나라도 신자유주의, 글로벌 무역지상주의가 1990년부터 지금까지 줄기차게 우리의 생각을 차지하고 있는 듯하다. 그것은 지금도 마찬가지이다. 뉴욕의 OWS (Occupy Wall Street), 스페인 마드리드 광장의 분노한 자(May, 15)는 사람들로 하여금 지금의 자본주의 시스템이 분명 무언가 잘못되었다는 메시지를 전달하는 데는 성공하였지만, 어디로 가야할지의 방향을 제시하는 데는 성공하지 못했다. 예전 베트남, 이라크 전쟁을 반대하는 군중들의 목표는 전쟁을 하루 빨리 끝낸 평화였기 때문에 뚜렷하였지만, 지금은 목표와 대안이 부재하다는 것이다. OWS, '분노한 자'는 희망을 주는 듯 하다가 허무하게 꺼져버린 촛불과도 같은 사건이었다. 이제 사람들은 더 이상 희망을 가지지 않을 수도 있다. 아니, 희망을 가질 수 없을 수도 있다. 이제 하루하루의 삶이, 불확실한 세상 속에서 나 자신이 안전할 수 있는 안정된 직장만이 지상목표가 되어버렸다. 이것이 근대, 액체근대의 특징 중 하나인 개인화 현상이다. 산업화와 함께 형성된 서구문명 중 근대화가 경제 이데올로기와 닿아 있는 것은 하등 이상할 것이 없는 자연스런 현상이다.

인류 역사에서 대표적인 위대한 발명을 살펴보면, 과학에서는 '힘(force)'이고 경제학에서는 '돈'이라고 할 수 있다. 중력, 만유인력, 원심력 모두 힘이다. 물리학을 설명하는데 힘이라는 개념을 사용하지 않으면 설명할 수 있는 것이 거의 없다. 지구인으로서 중력이라는 힘은 절대적이어서 모든 움직임의 설명에는 반드시 중력이 필요하다. 힘은 과학의 법칙의 필수적인 항목이 된지 오래이다. 하지만 힘이라는 것을 여러 중요한 다른 과학 개념들의 하나로만 가정해 보면 어떨까? 절대적 진리로서의 '힘'이 아니라 과학의 개념

(concept)으로서 말이다. 힘이라는 개념이 발명 혹은 발견되지 않았다면 지금의 물리학, 화학, 생물학과 같은 학문의 발전이 가능했을까? 철학자들은 이러한 상상을 했었나보다. 니체는 '차라투스트라는 이렇게 말했다'라는 책에서 중력이 사라진 상황을 언급한다. 또한 중력이 사라져야 시간과 공간이 만날 수 있다는 것도 암시한다. 그럼 돈은 어떤 존재로 탄생했을까? 특히 현재 경제학의 기본인 '신용으로서의 돈'은 어떻게 만들어졌을까? 최초의 화폐는 중국 10세기 송나라 황제가 발행하였다고 한다. 하지만 역사적으로 지금의 신용이라는 개념과 합쳐진 것으로서의 화폐는 영국이었다. 1640년 영국은 스코틀랜드와 전쟁을 치르기 위해 찰스 1세는 상인들이 안전하게 보관하고 있었던 런던탑의 금괴를 압류하였다. 이에 상인들은 각자의 금과 은을 당시 안전한 금고를 가지고 있었던 금세공사(goldsmith)들에게 맡기고 보관증(custody certificate)을 받았다고 한다. 이 보관증을 담보로 물건 등을 거래할 수 있었다고 하니 이 보관증이 현재의 현금과 같은 역할을 한 듯하다. 상인들은 안전하게 보관(예치)되어 있다고 믿는 금을 보다 유용하게 사용하는 방법을 생각하게 되었고, 보관증을 빌려주기도 하고 이자도 받았다고 한다. 송나라의 화폐는 황제(즉, 국가가 직접)가 발행하였다면 영국의 경우는 상인들이 발행하였다는 차이가 있다. 미국 링컨 대통령은 원활한 전쟁수행을 위하여 'greenbacks'라는 화폐를 발행하기도 하였다. 2차 세계대전 이후 세상의 많은 금들이 미국으로 오게 되었다. 미국 중앙은행은 금을 보관하고 금의 양과 비례하여 달러를 발행한다. 당시 달러는 언제든지 금으로 교환가능하다는 믿음을 가진 화폐였던 것이다. 금을 보관하고 있고, 이 금으로 교환가능한 화폐를 발행하여 사람들이 사용하는 세상 말이다. 처음에는 금으로 인해 생긴 돈을 사용하여 많은 가치를 누릴 수 있을 것이

다. 그런데 이런 상황을 한 번 상상해보자. 금은 여러분이 가지고 있는데, 돈은 금을 가지고 있지 않은 다른 사람들이 더 많이 가지고 있다는 것을 발견하면 여러분은 어떤 기분이고 또 어떻게 대처해야 할까? 금에 해당되는 돈을 다 쓰고 나면 더 이상 돈이 없으므로 소비를 줄이고 정당한 방법으로 돈을 벌기 위해 노력해야 한다. 이것은 지극히 당연한 일이다. 하지만 돈을 지속적으로 쓸 수 있는 방법이 하나 있다. 그것은 금을 가지고 있다는 힘으로, 다른 사람들의 동의 없이 돈을 추가로 발행하는 것이다. 이것이 미국의 브래튼우드 협정파기, 1971년 닉슨독트린이다. 이 이후 세계경제는 미국이 찍어낸 화폐(달러)의 양과 경제사정에 따라 변하게 되었다. 미국 달러의 가치가 세상의 새로운 질서를 만들어낸 것이다. 이렇게 고삐 풀린 달러는 중앙은행을 떠나 민간금융으로 들어가게 된다. 일정 예치금을 확보하고 있는 은행은 그 규모 이상의 돈을 대출하게 된다. 은행이 보유하고 있는 돈 한도 내에서 융자를 하는 것이 아니라 이를 초과하여 돈을 빌려주는 것이다. 이 돈으로 경제가 운영되고 있다. 어떻게 보면 참 이해하기 힘든 것이 경제인 듯하다. 인간의 인식과 참 많이 닮아 있다. 실체 없는 허상이 인간정신, 이성에만 있는 것이 아니라 경제에도 존재하는 것이다. 은행이 비록 예치금 이상으로 융자를 해준다 하더라도 예치금을 맡긴 사람들이 일시에 그 돈을 인출해 가지 않는다면 별 문제없이 은행은 이 게임을 계속 해 나갈 수 있다. 예금을 한 사람이 어떤 이유에서 은행을 못 믿게 되는 경우, 사람들이 은행으로 가 예금을 일시에 인출하게 되면 은행은 내어줄 돈이 없으므로 파산하게 된다. 우리나라에서도 안전한 은행, 불안전한 은행이 있다는 것을 우리는 잘 알고 있다. 어느 한도 내에서의 예치금을 초과하여 신용으로 만들어지는 구조는 국가 내 경제, 국가 간 무역 등에서 흔히 있는 것이고 운영가능 한 시스템 방식이었다. 문제는 이러한 한도를 훨씬 초과하는 신용이 만들어지면서 거품이 생겼다는 것이다. 이 경우, 신용경제의 규모를 가늠하기 힘들고 실제 이를 정확하게 알고 있는 사람도 거의 없다는 사실이다. 은행은 과도하게 돈을 빌려주고, 이것이 위험하므로 이를 보증하는 신용보험회사가 생겨나고, 이 신용보험회사는 또 다른 신용을 만들어 금융 사업을 하게 되는 얽히고 얽혀 있는 거미줄 같은 경제 신용구조를 의미한다. 이것이 2008년 미국 경제위기의 원인이었다고 본다. 우리가 특별한 생각 없이 사용하고 있는 돈 중에는 이러한 과정을 통하여 만들어진 돈이 있을 수도 있다. 물론 모든 만들어진 돈(신용을 포함하여)은 합법적이므로 죄책감을 가질 필요는 없지만 이러한 돈이 많아질수록 지속가능하지 않을 수 있다. 왜냐하면 우리가 사용하는 자원(식량, 에너지, 물, 서비스 등)은 한정되어 있고 이 자원에 비례하고 대비되어 우리가 사용해야하는 돈이 유통되어야 하지만 이 이상으로 만들어진 돈은 자원의 무분별한 소비, 낭비로 이어질 수밖에 없기 때문이다.

지금의 경제위기, 불황을 극복하려면 어떻게 해야 할까? 사실 학생, 일반인, 과학자들은 이러한 경제문제에 관여할 기회가 많지 않다. 하지만 문제의 근간이 되는 부분을 이해하는 것은 필요하다고 생각한다. 사회의 많은 재화를 직접 만들어 내는 역할을 하는 개인, 그룹으로서 알고 있어야 하는 부분이기도 하다. 노벨경제학상(2008년) 수상자인 프린스턴대학 교수인 '폴 크루그먼'은 지금의 경제위기는 앞의 은행의 예에서 이야기된 것과 같이 사람들이 은행 예치금 이상으로 발생한 부채로 인하여 불안을 느끼기 때문에 발생한 것이라고 믿고 있다. 그래서 소비가 줄어들고 이것이 경제의 활기를 떨어뜨렸다는 것이다. 이를 해결하기 위해서는 사람들이 더 이상 불안을 느끼지 않도록 정부에 의한 능동적인 지출(즉, 금리조정, 화폐발행 등)을 해야 한다고 주장한다. 지금의 경제위기는 민간은행에 의한 무분별한 신용금융의 확대에 있기 때문에, 계획과 조절에 기초한 정부의 지출이야말로 지금의 불안을 해소할 해결이라는 것이다. 케인즈 학파에 속한 경제학자다운 해결방안을 제시했다. '지금 당장 이 불황을 끝내라'라는 그의 책 제목에서도 그의 주장을 짐작할 수 있다. 이와 다른 경제철학을 가진 학자가 있다. 그는 남캘리포니아대학 경제학 박사 출신인 빌 토튼이다. 그는 지금 세계경제가 겪고 있는 문제, 위기의 핵심은 인간의 탐욕으로 보았습니다. 신용경제가 문제라는 것이다. 지구가 가지고 있고 인간이 만들어낼 수 있는 재화 이상을 소비하는 것이 가능하게 만든 부풀려진 돈은 부도덕하다고 그는 믿었다. 100% 돈, 즉 예치금을 넘어서는 돈은 사용되어서는 안 된다는 것이다. 우리는 폴 크루그먼과 빌 토튼의 중간쯤을 택해 신용화폐의 규모를 줄여 적당한 수준에서 경제를 운영해가면 되지 않느냐고 쉽게 생각할 수도 있다. 경제학을 전공하지 않은 우리들이 이를 판단하고 바른 경제정책의 방향을 예상하기는 힘들다. 필자가 여러분과 같이 공유하고 싶은 생각은 이렇다. 돈은 어떻게 만들어졌고, 그 돈이 우리에게 무엇이며 세상을 지배하게 된 과정을 이해하는 것이 첫 번째이다. 돈이란 과연 우리에게 어떤 존재일까? 이것은 돈은 나쁜 것인데 어쩔 수 없이 사용해야 하는 것이라는 쉬운 결론을 의미하지 않는다. 돈을 사용하되 우리의 마음 속 어디에서 도덕적 판단, 과학적 사고, 공학적 결정 등의 어떤 부분에서 우리의 생각과 함께 하는지 알고 싶은 것이다. 즉, 정답이 없는 각자의 길이다. 우리의 마음과 우리가 행동하고 사고하는 대상이 다르다는 이원론, 혹은 다르지 않다는 일원론의 논리와 많이 닮아 있다.

2012년, 2013년 한국은 유럽에 비해 뒤늦게 불어온 유행과 같은 지젝의 바람에 열광했었고, 2014년 지젝의 열풍이 잠잠해질 때 다시 프랑스 경제학자 토마 피케티의 광풍이 불었다. 그의 '21세기 자본론' 영문판이 출간되면서 한글번역판이 이미 나왔고, 피케티 관련 강연 등이 활발하게 열리고 있다. 참석한 강연에서 국내의 한 경제학자는 2014년 한국에는 1848년 유럽과 같이 하나의 유령이 배회하고 있다고 표현하였다. 학회에서 만난 프랑스 사람에게 물어보니 프랑스에서는 피케티가 그렇게 유명하지 않다고도 하였다. 지젝은 피케티를 실패한 자본주의 속에서 불평등 논리를 찾아내어 세금을 통해 극복하려는 꿈을 꾸는 유토피언이라고 하였다. 지젝은 늘 까칠한 학자인가보다. 그게 매력일 수도 있고 언젠가는 그러한 성향이 자신의 명성에 누가 될 수도 있다고 생각되는데, 어떤 쪽일지 지켜보는 재미도 있다. 토마 피케티는 현재 43살의 젊은 프랑스 경제학자이다. 또한 그의 21세 자본론은 2014년 5월 과학전문저널인 Science지에 요약('Inequality in the long run')되어 실림으로써 그의 유명세는 더욱 탄력을 받고 있는 듯하다. 경제통계가 있었을까 의심할 수 있는 서기 0년부터 현재까지 오랜 기간 동안의 통계를 생산뿐만 아니라 분배의 문제를 짐작할 수 있는 자본/소득 비율을 통계숫자로 보여준다. 이는 주류경제학에서 다루어지지 않는 분배의 문제를 일반인들도 알기 쉽게 보여준다는 특징을 가진다. 예를 들면, 그의 베타 계수는 일본, 이탈리아의 경우 약 600~700%에 가깝고, 유럽 경제대국인 독일, 프랑스, 영국은 400~500% 정도이다. 베타 계수는 한 나라의 순자산(자본, '부')을 그 해의 국민소득(생산)으로 나눈 값이다. 저도 경제학에는 문외한이라 잘은 모르지만 피케티의 베타 계수는 국민 노동소득에 비해 얼마나 많은 자산 소유자들이 소득 몫을 가져갔는지를 나타내는 것이다. 즉, 노동

소득에 대한 민간자본(민간자산)소득을 나타낸다. 그럼 우리나라의 베타 계수는 얼마일까? 2014년 한국은행, 통계청 자료를 기본으로 '새사연'에서 계산한 것에 의하면, 2012년 기준 750%라고 한다. 2000년 580%이었지만 이후 지속적으로 증가한 값이다. 우리나라의 베타는 피케티가 높다고 평가한 이탈리아, 일본보다도 높은 값일 뿐만 아니라 OECD 선진국 중에서는 가장 높다. 설사, 모든 국민이 동일한 소득을 가진다고 하더라도 썩 바람직한 방향은 아니라고 생각한다. 왜냐하면 노동으로 번 소득에 비해 자본이 번 소득이 높음을 의미하기 때문이다. 자본(부동산, 금융소득 등)이 번 소득도 당연히 합법적이지만 소득 불균형이라는 측면에서 보면 사회의 적지 않은 문제를 야기할 수도 있다. 또한, 2013년 통계청, 금융감독원, 한은 자료에 의하면 우리나라 상위 10%가 순자산의 46.2%를 가지고 있는 것도 간과하기 힘든 통계이다.

숫자는 그냥 숫자일 뿐이라고 치부해 버릴 수 있기도 하지만, 과학의 언어인 숫자는 단순한 숫자를 넘어 많은 의미를 가지고 있다. 숫자 속에 과학의 여러 법칙을 설명하는 논리와 의미, 그리고 우리가 이해하기 힘든 힘을 가지고 있다. 또한, 역사적 현상, 현 시대의 문제를 고스란히 담고도 있다. 지금까지 세상의 사람들은 소득불균형, 분배문제를 심증적 혹은 현상적으로, 직관적으로 짐작하고 있었지만 쉬운 숫자로 역사상 처음으로 표현된 것이다. 만약 분노한 마드리드, 월스트리트 OWS 이전에 피케티의 책이 출간되었다면 그 결과가 달라졌을 수도 있다는 것이다. 세상은 역사상 처음으로 분배, 소득불균형에 대한 숫자를 가지게 된 것이다.

한 국가 혹은 국가 간 경제협력, 국제통상을 통한 소득, 자산의 가치를 다루게 될 때, 이 베타의 개념은 단순한 경제 통계를 넘어 이후 국가 내 소득불균형 혹은 경제정의의 문제로 얼마든지 확대

될 수 있으며, 이는 역으로 국제무역에 있어서도 당연히 영향을 미칠 것이다. 지금 시행되고 있는, 그리고 시행을 준비하고 있는 FTA 등의 결과로 우리가 얻게 될(만약 그렇다면) 국익이라는 이면에, 국익의 결과로 나타나게 될 피케티 통계는 나라간 무역의 또 다른 변수로 작용하게 될 수 있다. 지금까지의 경제통계 수치, 경제이론이 일반인들이 알기 힘든 경제학자, 전문가들만의 것이었다면 이제는 일반인, 학생들까지도 피케티의 베타를 물어보게 될 것이다. 소위 진보학자들도 피케티의 작업을 크게 평가하지 않고 있지만, 피케티 계수의 영향은 시간이 지나면서 한 때의 유행으로 끝나버릴지 큰 파도를 위한 작은 파문일지 두고 볼 일이다. 기후변화의 해결책으로 제시되고 있는 탄소경제, 탄소거래, 탄소세 등도 국가 간 그리고 국내 경제활동의 일부가 될 것인데 이 또한 어떤 방향으로든 피게티 수치에 영향을 줄 것이다. 경제논리가 기후변화 해결책으로 어느 정도의 역할을 하게 될지 아직 예측하기 힘들지만, EU를 중심으로 경제 선진 국가들이 기후변화 해결의 방향을 경제에서 찾고자 하기 때문에, 전 세계를 휩쓸고 다니는 피케티의 숫자는 어떤 식으로든 조만간 유령이 아닌 '실체(reality)'로서 우리를 다시 방문하게 될지 모른다.

우리는 인기드라마를 보면서 결말이 어떻게 날지 상상하고, 선호하는 결말에 대해 친구에게 얘기하기도 한다. 그리고 드라마의 결말이 본인의 예상과 다르면 아쉬워하기도 한다. 어쩌면 드라마가 아니라 현실에서도 상상한 것이 실제로 일어나는 것을 바라야 한다고 본다. 영화나 소설, 드라마에서는 큰 상상의 날개를 펴다가도 현실에서는 현실보다 오히려 더 작아져 버리는 우리 자신을 이제 바꿀 시기가 왔다고 본다. 비록 작지만 우리가 믿고 있는 것들이 모여 이데올로기가 되기 때문이다. 누군가 큰 인물이 우리를 이끌어 주기도 하지만, 작은 것들이 큰 역사의 길을 닦아내기도 한다. 여러분의 이해를 돕기 위해 필자가 상상의 예를 하나 들어보겠다. 우리는 하나의 체제 속에서 세금을 걷고 이 세금을 이용하여 나라의 경제, 교육, 외교, 국방, 복지 등을 이행한다. 이 과정에서 많은 이견들이 있으며 이로 인한 국민, 시민들 간의 견해 차이, 감정 상함, 크고 작은 싸움, 논쟁 등이 있고, 때로는 극단적인 대립을 하기도 한다. 그 결과 정치에 대한 분노, 혐오, 그리고 분노를 넘어 무관심과 절망, 절망을 넘어 자포자기, 대중적 우울의 단계까지 도달하기도 한다. 만약 이러한 문제들을 이끌 새로운 이데올로기, 사상, 무슨무슨 주의 등이 어렵다면 한 국가안의 다중 체제(multi smart political and economic system)를 생각해 볼 수 있지 않을까? 다시 말하자면 이러하다. 한 국가는 여러 운영 시스템을 가지고 있다. 이해를 돕고 간단하게 설명하기 위해서 우선 국방과 치안은 하나의 시스템을 갖도록 하겠다. 하지만 복지, 교육 등은 다양한 운영 체계를 갖추는 것이다. 2개 혹은 3개로 나누어보자. 한 국가 안에 복지시스템이 2개 이상 있는 것이다. 국민, 시민은 자기 자신이 선호하고 원하는 복지시스템을 택한다. 그리고 해당 복지시스템을 선택한 국민, 시민은 그 복지시스템 운영을 위해 필요한 만큼의 세금을 부담하고 현재 그리고 은퇴 이후에 해당되는 복지혜택을 받는 것이다. 사람에 따라서는 자기 소득의 60% 정도의 엄청나게 높은 비율로 세금을 내더라도 높은 복지가 사회에서 이루어지길 원할 수도 있다. 혹은 그 반대로 복지보다는 자기의 능력대로 사는 사회를 원한다면 세금을 낮은 비율로 부담하는 체계의 프로그램을 선택하여 적은 세금을 내고, 그 자신도 낮은 수준의 복지를 국가로부터 받는 것이다. 교육의 경우, 초등학교부터 대학교까지 성적이 아예 존재하지 않는 학교들로 이루어진 체계 속에서 자녀를 교육하고 싶은 사람은 이 프로그램을 선택하는 것이다. 반대로 수학, 과학, 영어 등 지금과 같이 실력위주의 교육을 받기를 원하면 그 프로그램을 선택하고, 그 프로그램 운영에 필요한 예산 마련을 위한 세금을 부담하는 것이다. 여러분은 이렇게 하면 너무 복잡하여 국가나 도시가 제대로 돌아가겠냐고 걱정할 수도 있다. 하지만 우리는 이미 똑같지는 않으나 이보다 더 복잡한 시스템도 운영하고 있는 지도 모르며, 우리는 이러한 시스템을 운영할 만큼 IT를 이용한 스마트 기술을 확보하고 있다고 필자는 판단한다. 이러한 체제 운영의 부수적인 효과로는 선거 때마다 겪고 있는 세대 간 갈등, 지역갈등 등을 많은 부분 극복할 수 있다는 것이다. 자신의 자녀들이 실력이 월등한데 왜 실력이 모자라는 아이들과 같은 학교를 다녀야 하는지 걱정하는 부모들에게 일반학교는 고통이다. 반대로 끝없는 경쟁보다는 다른 가치를 가지고, 좀 더 인간답게 교육받기를 원하는 사람에게 성적을 매기고 경쟁 속에서 기회를 만들어내는 학교 교육은 또한 고통이다. 내가 가치 있고 진실이라고 믿는 것을 굳이 다른 사람에게 강요할 필요는 없지 않을까? 이제는 그냥 인정하고 함께 교육받을 수 있는 체제와 시스템을 상상할 시기가 되었다고 본다. 복지도 마찬가지이다. 힘들게 세상을 살아가는 사람들이 주위에 있으면 이를 지켜보기 힘든 사람도 있고 또 상대적으로 괜찮은 사람도 있다. 그렇다면 복지도 교육과 마찬가지로 2~3개의 다른 국가의 시스템을 갖출 수 있다. 현실적이지 않다고 그렇게 생각하는 분들이 있다면 우리가 살고 있는 지금 이 세상은 현실적인지 반문해보고 싶다. 이것은 물론 필자의 개인적인 상상이다. 정치는 사람을 설득하는 기술 혹은 학문이라면 우리의 상상 없이는 정치는 불가능하기 때문에 이런 상상을 해보았다.

질문

1. 여러분이 알고 있는 경제와 여러분이 알고 있는 기후변화를 연결시켜 향후 가까운 미래의 기후변화 경제를 나름대로 예측하시오.

2. 피케티의 2014년 5월 Science 논문(Inequality in the long run)을 읽고, 각자의 생각을 정리하고 주위 친구, 가족 혹은 동료들과 토의해 보세요.

3. 기후변화(인간 활동에 의한 기온변화라고 정의함) 문제를 해결할 정치, 경제, 기술 정책을 생각해 보세요.

13. 기후변화와 이데올로기

'처음에는 비극으로 다음에는 희극으로, 슬라보예 지젝, 2010년, 창비'를 읽고, 이를 참조하여 우리 사회 혹은 시대의 이데올로기를 기후변화와 연계하여 작성해본다.

이데올로기는 지적공간의 구조적인 틀이라고 지젝은 정의하였다. 즉, 그 시대를 살아가는 사람들의 '이데아'(칸트의 이성에 근거한)의 공통되는 부분의 모음이고 이를 만들어내는 논리라고 할 수 있다. 대표적인 예로 자본주의, 사회주의 등이 있다. 이데올로기는 절대적인 진리는 아니며 상대적인 믿음(도그마(dogma))이다. 때로는 그것이 시대 혹은 세기를 대표하는 이데올로기인지 아닌지 사람들의 의견이 엇갈릴 수 있는 이유는 믿음이 다른 까닭이다. 경제성장 지상주의도 이데올로기일 수 있고 그렇지 않을 수도 있다. 에너지, 복지에 대한 방향성도 마찬가지이다. 그러면 기후변화, 지구온난화 이슈는 어떨까? 역시 마찬가지이다. 현재와 같이 지구촌 사람들의 삶, 가치관, 경제, 교육 등에 큰 영향을 미치고 있다면 이데올로기 일 수 있다. 세상의 이데올로기가 된다는 것은 많은 의미를 가지고 있으며, 언어와 마찬가지로 의미의 확장으로 이어지고 언젠가부터는 돌이킬 수 없는 거대한 존재, 환상을 동반한 괴물이 될 수 있다.

지젝이 언급한 한 예를 들어보면, 한 커피숍에서 메뉴 중에서 '크림 없는 커피'가 있어 누군가 주문했더니, 매장에 크림이 없어 '크림 없는 커피'를 오늘은 만들 수 없다고 했단다. 이런 경우, 우리는 괴변이라고 판단할 수 있지만 세상 속에는 이런 괴변을 가진 이데올로기의 작동원리가 많다. 다만 그 작동원리가 복잡하여 쉽게 알아차릴 수 없을 뿐이다. 즉, 크림 없는 커피와 같이 비교적 간단한 것은 알아차리지만, 복잡하게 얽히고설킨 것은 우리가 쉽게 알아차리기 힘들다. 우리는 지난 장에서 토의한 신용경제의 작동원리를 어느 정도 이해하고 있다. 기후변화도 마찬가지이다. 비슷한 다른 예들도 있다. 소말리아를 돕기 위한 2% 이익금을 활용하고 있는 스타벅스 커피를 마심으로써 이러한 인도주의적 활동에 직접 참여하고 있다는 생각을 가지는 것, 한두 개의 친환경 용품을 사용함으로써 대부분의 폐기물을 자연환경 속으로 버리는 것에 대한 면죄부를 받는 것 등이다. 즉, 문제는 이데올로기 속에서 살아가는 개개인의 행동, 판단 하나하나에 있는 것이 아니라, 이에 개별적인 죄책감을 줌으로써 또 다른 목적과 이익을 얻고자하는 이데올로기 시스템의 문제라는 것이다. 극단적인 개인주의와 경제성장의 논리가 대부분의 국가와 국가 간 가치구조를 지배하고 있는 현대사회에서는 복잡한 상호관계를 일일이 따지는 것보다는 큰 믿음의 총합체로서의 이데올로기를 가지고 설명하는 것이 훨씬 쉽고 편리하다는 것이다. 어떤 현상이 일어나고 문제가 발생하면 '신자유주의의 결과', '새로운 전체주의(신나치즘, 파시즘) 발생', '신비적 생태주의', '사회주의', '공산주의의 부활' 등등으로 간단하게 설명하고 자세한 토론을 피하는 것이다. 가장 간단하고도 설득력 있는 방법이 된다. 일단 '～주의(-ism)'를 붙여서 얘기하면 전문가다워진다. 이 문제는 이 책의 서론에 이미 얘기하였는데, 한 사람의 철학가, 과학자를 하나의 이론, 사상으로 마무리하는 것에 대한 개인적인 꺼려짐을 얘기했었고, 그 인물의 특정 저술에서는 세상에 알려진 사상, 이론과는 다른 것들이 얼마든지 발견될 수 있다고도 하였다. 전문가와 지식인의 차이를 우리는 이해해야 한다. 문제해결의 능력을 가진 자를 전문가라고 한다면 그 문제의 발생의 구조를 생각하는 자를 지식인이라고 필자는 보고 싶다. 개별문제를 해결하는 것보다는 전체 시스템을 이해하고 이 문제를 올바로 판단할 수 있는 지식인이 이 시대에는 필요하기 때문이다. 전문가는 필요 없다는 얘기가 아니라 문제의 해결방법을 잔뜩 만들어놓고 "이제 해결책을 만들어 놓았으니 문제를 달라"는 식의 접근은 불확실성과 복잡성으로 대표되는 이 시대에는 맞지 않을 수 있다는 뜻이다. 아침에 도를 얻으면 저녁에 죽어도 여한이 없다는 공자님 말씀처럼, 이 시대의 참된 '도'가 우리에게 뚜렷하게 보였으면 좋겠는데 그렇지 않아 안타까운 것이다. 어느 날 갑자기 세상의 모든 사람들이 물질과 인간 외부의 대상들의 현상보다는 인간 마음의 근본 심성으로 가치의 기준을 돌려 문제의 핵심을 바라본다면 얘기는 달라지겠지만, 현대는 그러한 마음의 문제만으로 사람들을 설득하기 어렵다.

월스트리트(Wall Street)와 대비되는 거리는 바로 옆에 있는 메인스트리트(Main Street)이다. 하지만 그 거리만큼 가깝지 않다. 녹색적인 이론과 생각, 그리고 비슷하게 포장되어 있지만 녹색사상을 철저하게 이용한 사이비 사상은, 같은 나라 독일에서 나왔지만 근본적으로 다르다. 히틀러의 나치당과 녹색당이 그러하다. 즉, 가장 가깝게 보이지만 오히려 가장 먼 거리에 위치한다. 월스트리트에 의해 제안되는 구제금융은 중산층의 세금으로 일부의 상류층을 대변하는 금융을 구하였다. 많은 사람들이 반대하였지만 결국 그렇게 되었다. 거대한 나무의 열매를 수확하여 나누어 먹으려면 주위 나무의 희생과 거대한 나무의 거름이 되어 주어야 한다는 것이다. 그럴듯해 보이고 또 현 시대를 대변하는 유일한 논리이다. 지금 우리에게 필요한 것은 구제금융, 글로벌 금융과 무역 등에 분노하여 행동하는 것이 아니라, 어쩌면 이 격분을 변화시켜 이동할 수 있는 곳을 찾아내는 것이다. 1969년 분노로 세미나장을 박차고 들어간 코펜하겐 대학의 학생들과 같은 행동도 필요하지만, 그러한 용기 못지않게 그 행동 이후의 방향이 더 중요한 시기이다. 레미제라블과 정도전의 혁명과 지금 시대 우리의 사명은 다르다는 것을 안타깝지만 알아야 한다. 맹자라는 책에서는 혁명이 일어나고 성공하려면 폭군이라는 도우미가 필요하다고 하였다. 폭군이 악독하면 악독할수록 혁명은 성공하기 쉬워진다. 왕정, 폭군, 세력가를 무너뜨리면 이루어질 수 있는 혁명이라면 그렇다. 지금 시대는 아쉽지만 그런 도우미가 존재하지 않는다. 중동의 봄, 아시아권 국가의 민주화와 미국, 유럽, 한국의 상황은 다르다. 그 무엇이 진정한 '악의 세력'인지 분명하지 않다. 겉보기에 분명하게 악의 중심으로 보이던 사람 혹은 집단 혹은 국가가 정작 물러나고 사라져도 악의 본질과 영향은 여전히 힘을 잃지 않으니 말이다. 극단적 개인주의와 상업주의 세상에서 강력해 보이는 정부권력도 거대기업의 힘의 논리 밑에 있다는 것을 어렵지 않게 발견하게 된다. 그것이 현실이고 존재적 실상이다. 또한 '선'으로 보았던 정부도 '악'으로 보았었던 정부와 전쟁, 농업, 노동, 환경 정책 등이 그렇게 다르지 않음을 여러

차례 경험하였다. 금융붕괴의 원인 중 하나였던 폰지(피라미드) 펀드 주관자였던 버너드 메이도프도 한때 생태자본주의, 박애주의자였다. 미국 보수의 대표적인 주인 텍사스도 한때는 진보 포퓰리즘의 핵심 지역이었다. 한때 성추행 논란으로 국회의원을 떠났던 사람도 지금은 친숙한 MC로 자리 잡았다. 우리가 생각하는 진보와 보수, 선과 악으로 구분할 수 있는 것이 세상에 확연하게 존재하는 것 같지 않다. 기후변화도 예외가 아니다. 가장 냉소적으로 반대했었던 미국이 지금은 지구온난화문제를 해결하려는 의지를 정치적으로 발휘하고 있는 시대를 우리는 살고 있다.

동시대인들이 생각하고 믿는 가치, 행복, 선악의 기준들을 담고 있는 지식의 틀이 이데올로기라고 정의한 바 있다. 즉, 사람들은 특정 패턴과 비슷한 점들을 모아 이론으로 삼아 가치를 담아낸다. 그리고 그것이 옳다, 그르다 하고 싸우고 논쟁한다. 그런 이후에는 이데올로기를 왜 만들었는지는 잊어버린다. 무슨 '주의', 무슨 '철학', 무슨 '학파'라고 성급하게 규정하지 말고 사유가 필요한 이유이다. 신자유주의, 자본주의, 사회주의, 사민주의, 녹색주의, 생태주의 등 모든 것이 그렇다. 사유 없이 성급하게 선택한 믿음이 역사에서 세계 대전, 인종갈등, 민족 갈등, 동족상잔 등의 반인륜적인 결과를 낳았음을 우리는 경험을 통해 알고 있다. 혹은 미셀푸코의 말대로 더 이상 인간의 실존은 없으며 오직 비인간적, 대상적 사유와 현상만이 존재하는 세상인지도 모른다. 뚜렷한 주체 본성 없이 끊임없이 객체에 의해 변할 수밖에 없는 주체에 우리는 매달리고 있는지도 모른다. 우리가 살고 있는 시대에 이데올로기가 있다고 믿는다면, 행동해야 한다. 하지만 행동하기 전에 깊이 사유해야 한다. 우리는 이를 나치와 연결된 하이데거를 통해 처절하게 경험하였다. 시대의 이데올로기가 올바로 실현되길 원한다면 행동하기 전에 생각하고 사유해야 한다. 대학진학도 해야 하고, 대학에 가면 졸업해서 취업도 해야 하고, 취업해서는 경쟁에서 생존해야 하는데 왜 그런 것까지 해야 하는가? 그것만이 우리가 이데올로기의 노예가 되지 않을 유일한 길이기 때문이다. 행동만 모아서는 변화시키는데 한계가 있음을 월스트리트와 스페인 마드리드에서 경험하였다. 2014년을 보내면서도 경험하였다. 행동하기 전에 사유해야 한다. 무엇을 위한 행동인지 내가 믿고 있는 그 무엇이 무엇인지 혹은 인위적으로 만들어진 큰 나무의 이데올로기는 아닌지 말이다.

14. 공자와 기후변화를 논하다

필자나 여러분 모두 공자님을 만난 적이 없다. 우리는 그저 논어 혹은 공자님의 말씀이 인용된 글로부터 그 분의 생각을 읽어낼 수밖에 없다. 그런데 기후변화, 지구온난화 주제를 토의하면서 왜 하필이면 공자인가? 우리의 핏속에는 원하든 그렇지 않든 동양의 사상이 흐르고 있고, 또한 성장 지상주의, 경제 최우선 정책 속에서 만들어낸 과학기술의 위기를 과학만으로는 해결하기 힘들기 때문이다. 아인슈타인은 문제를 일으킨 머리로는 그 문제를 해결할 수 없다고 하였다. 대상을 중점적으로 다룰 수밖에 없는 대개의 경우, 대상과 주체를 구분하여 다루는 서양의 과학 방법론으로는 과학적 위기를 해결하는데 한계가 있기 때문이다. 만약 우리가 공자를 만나 우리가 겪고 있는 문제를 물어보면 공자는 해답을 주는 대신 우리가 이해할 수 있는 상황, 예, 그리고 우리가 그 문제를 해결할 수 있는 능력을 가질 수 있는 환경을 보여줄 것으로 생각한다. 그것이 필자가 논어, 대학, 중용을 읽고 느낀 점이다. 아침놀(the dawn of day)에서 니체도 우리를 둘러싼 환경이 우리가 가진 힘의 실체를 드러내 보여 주지는 못하지만 그 힘을 키우거나 줄일 수는 있다고 하였다. '우리를 죽이지 못한 모든 것은 우리를 강하게 만든다'는 니체의 말과도 맥이 닿아있다. 이는 논어에서 어떤 진리도 정의하지 않으며, 우리가 행하는 행동을 통하여 진리를 나타내려고 하는 것과 맥락이 닿아 있다. 즉, 니체와 공자의 학문 수행상의 유사성이 보이는데, 니체도 상징적 언어를 정의하고 설명하기보다는 실천적 행동을 설명함으로써 진리로 나아가는 방법을 택했기 때문이다.

사회가 가진 여러 가지 문제를 해결할 때, 철학적 문제와 마찬가지로 그 사회 그리고 그 시대의 도덕에 기초할 수밖에 없다. 과학도 마찬가지이지만 사회적 문제는 더욱 그렇다. 영어 단어 morality는 논어에서는 도(道)와 덕(德)이다. 도는 진리(truth)이며, 덕은 진리를 얻은 상태(주관성, subjectivity)이다. '도'는 사회 공동체의 진리를 의미하며, '덕'은 진리를 통하여 만들어진 한 인간의 사유, 판단, 행동을 의미한다. 논어를 공부하면 논어에서는 '도'를 결코 정의하지 않는다는 것을 알 수 있다. '도'를 시종일관 다루면서 이를 정의하지는 않겠다. 다만 실천적 방법론을 얘기한다. 다시 다루게 되겠지만 미국의 실용주의(pragmatism)와 그 맥이 닿아 있다. 왜냐하면 실용주의는 앞선 개념을 실천하기 위해서는 새로운 개념을 만들고 앞선 개념과 합쳐 쓰이도록 한다는 사상이기 때문이다. 논어는 동양의 실용주의 학문이라고 감히 생각한다. 객관화된 '도'가 '예'이다(objectified form of the truth is '예'). 즉, '예'를 통하여 '도'를 짐작할 수 있을 뿐이다. 조화롭게 나누어져 있는 상태를 '예'라 할 수 있는데, 객관적 실체의 나누어짐, 주관적 생각들의 나누어짐 등이 모두 '예'이다. 어떤 사회 문제를 해결하려는 사람이 있는데, '예'의 실현을 통하여 '도'로의 연결을 시도하는 것을 통해 문제를 해결한다면 그것이 최종 진리가 되는 것이다. '도'는 정의될 수 있는 객관적, 보편적(universal) 실체가 아니며 실천을 통해 이루어가는 것이란 뜻이다. 2014년을 넘어 2015년 여전히 이 사회에 큰 아픔이 있다. 이를 해결하려는 노력은 단순한 행동으로는 부족하다는 것이다. 해결을 위한 새로운 개념, 심지어, 아이디어를 만들어내려는 노력이 필요한데, 만들어진 개념 혹은 아이디어는 해결하고자 하는 문제라는 개념과 합쳐져서 우리가 살고 있는 사회와 시대 속에서 '실용'되어야 한다. 실용을 위해 논어가 제시하는 개념이 무엇인지 알기는 결코 쉽지 않을 것이다. 공자님은 쉽기 않기 때문에 구체적인 방법보다는 그런 길을 갈 수 있는 힘과 용기만을 주신 것이다.

사회의 여러 사건, 현상들은 과학과는 달리 옳고 그름을 판단하는 것이 핵심이 아닌 상황, 즉 윤리적 상황과 자주 마주치게 된다. 판단에 따라 올바른 실행이 되었다가도, 다른 윤리를 가진 사람들에 의해서는 올바르지 못한 실행이 되기도 한다. 이런 경우 가장 오해하기 쉬운 것이 중용인데, 중용은 중간을 택하는 것과는 근본적으로 다르다. 양극단을 피해 선택하는 것이 중용인데 지젝도 이와 유사하게 양극단을 살피고 이렇게 판단하게 하는 상황과 조건의 근본을 올바르게 앎으로써 해결의 길을 찾을 수 있다고 하였다. 양극단의 조건과 그 배경을 올바로 아는 것과 극단의 중간을 택하는 것은 엄연히 다르다. 양극단이 존재하는 고민과 문제들을 우리는 수없이 마추지게 된다. 한국의 교육 현실, 복지정책, 새만금사업, 4대강사업이 그렇고, 원자력발전소, 그리고 서울시 내 아파트 단지의 재개발 등이 예이다. 우리는 전문가가 아니므로 정치가, 공무원, 시민단체들이 결정해 주는 대로 지켜보면 되는 걸까? 그렇게 되어서는 안 된다. 모든 것을 알고 있는 사람은 없다. 또한 전문가라고 하여 문제가 되고 있는 것에 대해 깊은 모든 지식을 가지고 있는 것도 아니다. 다만 알아야겠다는 의지 혹은 관심이 있다. 그것이 전문가가 일반인과 다른 점이다. 만약 한 일반인이 4대강 문제에 대해 알고 싶다면, 4대강에 대해 찬성할지 반대할지 결정하지 말고, 이 문제에 대한 지식을 공부해야 한다. 중고등학생, 대학생, 직장인, 주부라도 동일하다. 일반인들이 관심을 가지고 공부함에도 알 수 없는 지식이라는 것이 세상에 존재할 수도 있지만, 그런 것은 사회적 이슈가 되지도 않는다. 대신 학문적 이슈가 될 수는 있다. 사회적 이슈가 되는 것은 일반인도 이해할 수 있기 때문에 이슈가 된 것이다. 이렇게 생각해보도록 하자. 4대강을 강력하게 추진했던 정부, 공무원, 전문가들 모두가 연관 학문의 전문가, 지식인이 아니다. 즉, 이들도 관심을 가지고 공부를 하여 판단할 수 있는 능력을 가졌던 것이다. 만약 우리가 4대강에 관심이 있고 이를 올바로 판단하고 싶다면 관련 지식을 공부하여 누구든지 전문가가 될 수 있다. 지식은 관심을 가지고 찾으면 어디든 있다. 대학, 연구소 혹은 전문가 집단은 일반인을 위한 지식을 제공할 의무와 책임이 있다. 한 가지 조건이 있다면 반대인지 찬성인지를 미리 정하지 않아야 한다. 지식의 문제(무엇을 알아야 하는지)와 판단의 문제(윤리적)는 다르기 때문이다. 관심을 가진 사회문제는 내가 공부한 지식, 그리고 그 공부의 과정에서 생긴 나 자신에서 나온 새로운 개념과 합쳐진다. 이것이 실용이고 공자의 가르침이다. 그런 이후에 판단과 행동은 자연스럽게 생겨난다.

그럼 우리 자신의 사업은 무엇일까? 4대강 사업, 원자력 사업과 같은 큰 사업만이 사업이 될 수 있는 것이 아니다. 여러분이 중고등학생이라면 같은 반 학생끼리 준비하고 있는 가을 축제에서의 장기자랑도 사업이다. 대학생의 학기말 리포트도 사업이고, 가정주부라면 집안 인테리어도 사업이다. 직장인, 연구자 모두 각자의 크고 작은 사업이 있다. '사업'은 우리를 전문가로 보는 사람들, 사회가 우리에게 맡긴 '일'이다. 그 사업들을 통해 수행하고 사유함으로써 우리를 완성해 가는 것이다. 학생이니 직장을 가진 이후에 사업을 해야지가 아니라, 지금 필자의 시간을 온전히 차지하고 있는 그 일이 사업이다. 친구와 놀러가 작은 방에서 친구들이 즐겁고 편안하게 잠자기 위한 아이디어를 내고 설득하면서 방 배치를 한다면 그것도 훌륭한 사업일 수 있다. 사업을 잘 수행하고 나면 우리는 성장한다. 명성도 얻게 되고 명예도 얻게 된다. 유학으로 얘기하면 군자가 되는 것이다.

충실한 '사업'을 수행하기 위해서 공자는 우리에게 네 가지 실천 목표를 준다. 첫 번째, 우리가 실행할 사업으로 영향을 받는 모든 사람들을 생각하는 것이다. 이 사업으로 이익을 얻는 사람은 누구인가, 그 편리는 그 사람들에게 진정으로 필요한 것인가, 신중하게 판단해야 한다. 또한 사업으로 혹시 피해를 보는 사람은 없는지 세심하게 살펴야 한다. 그리고 그 피해를 비켜갈 수는 없는지 찾아야 한다. 사업이 큰 규모이든 작은 규모이든 관계없이 이러한 과정을 반드시 거쳐야 한다. 다만 다수의 사람이 이익을 보고 소수의 사람들이 원치 않는 피해를 보게 된다면 여러분의 선택은 어떨까? 쉽지 않은 결정이다. 공리주의와 염세주의 철학의 차이이다. 공리주의는 소수가 다소간의 피해를 보더라도 다수가 행복할 수 있으면 공동체는 행복한 것이라고 믿는 생각이다. 비록 한 사람이라도 불행하면 공동체는 행복할 수 없다는 생각은 염세주의의 기본 철학이다. 윤리의 차이이기도 한다. 두 번째 고려해야할 것은 사업의 편리 자체가 옳은 것인지 살펴보아야 한다. 첫 번째는 사업의 편리가 누구에게 가는가의 문제였다면, 두 번째는 그 편리 자체가 옳은 것인가 하는 질문이다. 이 판단 역시 쉽지 않다. 하지만 논어에서는 이 판단을 하는 하나의 길(다른 길도 있겠지만요)을 제시한다. 자기 자신의 이익, 명성, 명예에 집착하는 것은 아닌지 살펴보면 자연스럽게 판단이 된다는 것이다. 사업의 길은 외로운 수양의 길일 수 밖에서 없다. 누구도 아닌 사업을 주관하고 있는 자신이 판단의 중심에 서야 한다. 그리고 자기의 사적인 이익과는 거리가 있는 사업이라고 생각되면 그것은 곧 사업 편리의 타당성이 확보될 수 있다는 것이다. 세 번째는 그 사업이 사회, 국가, 공동체의 다양성을 인정하는가 이다. 다양성은 생활방식, 생각, 모습, 인종 등 사회를 이루는 모든 면을 말한다. 사업이 사회의 획일성을 지향한다면 문제가 발생할 수 있다. 사람들은 각자 다르기 때문에 서로 도우면서 살아갈 수 있기도 한다. 논어, 맹자에서도 무조건적 평등에 대한 경계를 하고 있다. 당시 양주, 묵적 사상과의 대립 속에서 이러한 박애주의는 인간의 정신을 오히려 병들게 한다는 것을 강조한다. 예와 인본을 강조하되 무조건적 박애는 오히려 예와 인본을 해친다는 주장이다. 이러한 주장은 니체의 사상에서도 만나볼 수 있다. 인간 내면의 외적 측면은 두려움으로 인해 '죄책감'이라는 도덕을 만들어 그 속에서 안주하려 한다고 하였다. 또한 이를 극복하려는 횡적 노력이 아닌, '수직 거리'로서의 상승을 강조하였다(니체의 아침놀에서). 만약 모든 개인이 동일한 사고와 행동, 판단을 한다면 아마 단 하루도 살아갈 수 없을 것이라는 뜻이다. 모두 같다면 낭만은 존재할 수 없다. 마지막으로 그 사업과 관련된 지식이다. 지식이 가장 중요한 것으로 볼 수 있지만 중요성의 순서를 떠나 지식은 모든 배우는 사람, 공부하는 사람의 필수 덕목 중 하나이다. 지식은 어디서 생기냐 하면 배우고 익혀야 얻어지는 것이다. 지식은 '무엇을 모르는가'를 아는 것으로부터 출발한다. 논어에서는 또 생각해야 지식이 올바르게 자리 잡는다고 가르친다.

다음 장에서 지젝을 초청해서 얘기하겠지만, 지젝은 공자를 멍청이의 원형이라고 하였다. 지젝은 한국에서 열렸던 특강에서 공자는 조화를 깨뜨리면 불안과 문제가 생긴다는 어리석은 생각을 하였다고 하였다. 그 예로 부모는 부모답고, 자식은 자식답고, … , 하인은 하인다워야 한다는 얘기를 공자가 했다는 것이다. 부모가 부모답고 자식이 자식답고, 교수가 교수다워야 한다는 것과 지젝이 마지막으로 예를 든 하인은 하인다워야 하는 것은 다르다. 필자가 지젝의 정확한 생각과 의도를 알지 못하고 또한 유학에 대한 이해도 일천하지만 유학에 대한 지젝의 큰 오해가 있는 듯하다. 사서 중 하나인 대학(소학과 비교하여)은 '격물치지'라는 사상이 핵심을 이룬다. '격물치지'만큼 우리가 크게 오해하고 있는 사상도 드물 것이다. '물(사물 물)'에 이르러 지극한 앎(알 지)에 이른다는 뜻이다. 우선 '격물치지'에 대해 생기는 오해는 '물'이다. 물은 '물'이 아니라 사실은 '사물'이다. 즉, '사'와 '물'을 의미하는데, 우리는 '물'만 다루기 때문에 일어나는 오해이다. 여기서, '물(物)'은 자연이 만든 것이며, '사'는 인간이 만든 것이다. 자연이 만든 것에 대해서 아는 것과 인간이 만들어 내는 것에 대해 아는 것은 그 방향이 다르다. 먼저 사물에서 '물'은 자연이 만들어 자연스러운 원리(principle, law)가 존재한다. 자연과학을 예를 들면 우주의 법칙, 태양계, 원자의 구조, 아마존 생태계 등은 자연이 만든 것이며, 자연 법칙이 존재한다. '물'을 다룰 때 우리가 맞고 틀림을 논하는 이유가 여기에 있다. 뉴턴의 법칙이 그렇다. 이와는 다르게 사물의 '사(事)'는 우리 인간이 만든 일이다. 인간이 하는 일, 만들어낸 사업 등을 말한다. 이러한 '사'에는 인간의 생각이 들어가게 된다. 그래서 '사'를 다룰 때는 맞고 틀림이 아니라 진실(true)과 거짓(false)을 가지고 판단한다. 사람이 만든 일에 사람의 생각이 들어가는, 즉 주체적일 수밖에 없다는 것이다. 격물치지는 자연에 존재하는 것들과 인간이 만들어낸 것들을 지극하게 알아가는 사상이다. 자연과학을 지극하게 알면 어떻게 될까? 박사가 될까? 자연과학박사는 자연을 지극하게 아는 사람이라고 믿어도 될까? 우리 인간들이 만들어내는 일(사업)을 지극하게 알면 어떻게 될까? 인문학박사 혹은 도사? 자연과학, 특히, 현대 과학은 대상(object)을 과도하게 다룬다. 대상을 철저하게 탐구하여 그 다음 주체로 돌아오지 않고, 심지어 인간을 대상화하는 작업까지 시도한다. 한 해양학자가 전깃불을 발생시키는 조개를 발견하고는 그 메커니즘을 연구하여 발표한 뉴스를 보았다. 조개가 바위가 강력하게 부착될 수 있는 원리와 물질을 찾아내었다고 한다. 자연의 원리를 지극하게 연구하여, 알아낸 것이다. 그런데 한 가지 아쉬운 것은 이러한 뉴스의 결론, 이 과학자들이 이러한 자연과학 업적을 이용하여 사업화할 수 있는 아이템을 제시한다는 것이다. 맹자의 '하필왈리'가 떠오른다. 언젠가부터 자연과학자들의 귀중한 연구결과의 결론은 왜 늘 사업화, 상품화일까? 이는 국내외 모두 비슷하다. 인간을 이롭게 하는 것과 인간을 이롭게 하여 이익을 취하는 것, 돈을 버는 것이 엄연히 다르다. 좋은 일하고 돈을 버는 것이 무엇이 다르냐고 반문할 수 있지만 다른 것은 다른 것이다. 의로운 일을 하면 자연스럽게 따라오기도 하는 것이 이익이다. 이익을 언급하는 순간, 의로운 일의 '의'는 사라진다는 것을 우리는 익히 알고 있다. 대상 객체를 통해 주체를 만들어가는 것이 순리라는 것이다. 격물치지의 '사물' 중에서도 '사'는 주체의 문제라는 것을 얘기하고 있다. 그러므로 사물의 '사'에 대해서는 맞고 틀림(right or wrong)이 아니라 진실이 다루어져야 한다. 진실을 주체가 다루는 것이므로 자연이 만들어내는 것과는 달리 각 주체는 다른 진실을 가지고 있다는 것을 잊어서는 안 된다. 사람은 각자가 만들어내는 '사업(즉, 사물의 '사', 프로젝트)'을 통해 인격을 완성해간다. 모든 사람이 동의하는 그런 사상, 그런 사업이 있을까? 전 세계인들이 열광하는 듯한 월드컵 뒤편은 어두운, 받아들이기 힘든 그 나름의 진실이 있다. 월드컵이라는 축제의 진실이 있다면, 월드컵 뒷면의 어둡고도 불편한 진실이 있다는 것이다. 우리나라의 4대강의 진실은 과연 몇 가지나 될까? 이 책의 주제인 기후변화의 진실은? 기후변화를 자연과학으로 접근했다면 틀림과 맞음만 있을 것이다. 하지만 기후변화를 객체로만, 자연과학으로만 볼 수 없기 때문에 기후변화의 진실은 여러분 한 사람 한 사람의 주체성을 가지고 보아야 한다. 여러분 각자 모두는 여러분의 독특한 기후변화 진실이 있다는 것이다. 부연 설명이 길었던 만큼 이 문제는 중요하기도 하지만 간단한 얘기는 아니다. 다시 지젝의 공자비판으로 돌아가 보자. '부모가 부모다워야 한다'라는 공자님의 말씀은 격물치지가 있는 것이라 생각한다. 다른 생각과 가치관, 교육관을 가진 다른 학자를 만나면 조금 미워할 수는 있겠지만 자연과학의 법칙처럼 틀렸다고 할 수는 없다. 그들과 필자가 생각하는 진실이 서로 다른 것뿐이다. 진실이 다름을 싫어하는 것은 어떤 문제일까? 지젝의 공자에 대한 격렬한 비판은 아마 지젝의 철학의 방향과 연결되어 있지 않나 짐작해본다. 세상에서 일어나는 일, 사람들이 만들어내는 생각, 믿음들에 일정한 법칙 혹은 큰 물결 등이 존재한다고 믿는 지젝의 생각과 연결되어 있다는 것이다. 공자님은 이와 좀 다를 듯하다. 사람의 일은 사람 마음의 것이라 일정하기 힘들며, 비워졌다가도 채워지는 끊임없이 출렁이는 파도와 같다는 것이다. 부모는 동일한 것이 아니며, 자식도

천차만별, 교수도 가지가지, 학생도 엄청나게 다양하다는 것이다. 부모도 다양하고 다 다른데, 그럼 부모가 부모다워야 한다는 것은 무슨 의미일까? 이는 부모의 마음, 주체를 좌우하는 그 주체의 마음을 얘기하는 것이다. 이를 유학에서는 마음의 본성이라고 한다. 마음은 다 다르지만 마음이 편안하게 여기는 바에는 유사성이 있다는 것이다. 공자님의 요지는 여기에 있다고 생각한다. 서울역에서 구걸하고 있는 걸인을 지나치면 마음이 불편해지는 사람도 있지만 아무렇지 않은 사람도 있다. 그냥 지나쳐도 마음이 불편하지 않은 사람은 나쁜 사람일까? 당연히 아니다. 하지만 두 사람의 마음속에는 착함, 진실이 여전히 존재한다는 것도 우리는 알고 있다. "부모는 이러이러해야 하고, 학생은 이런저런 일을 해야 하며, 학자는 이런 일을 하면 옳고 저런 일을 하면 틀려먹었다"하는 식의 교훈 혹은 훈계를 하려는 시도를 공자님이 하셨다고 지젝은 믿고 있는지 모르겠다. 필자의 너무 지나친 비약일지 모르지만 지젝도 설득력 있는 설명을 않고 멍청이라는 표현을 사용한 것은 그의 진실이라는 것 또한 필자의 생각이다. 유학은 철저하게 주체의 학문이고 배움이기 때문이다.

서로 다른 진실을 가진 사람은 무엇이 다른 것이고, 다른 현상(혹은 사태)에 대한 싫고 좋음을 가지는 것은 무엇일까? 이 문제는 비단 기후변화만의 것은 아니다. 기후변화의 경우에도, 기후변화 부정(즉, 기후변화가 인간 활동에 기인한다는 것에 반대)론 자들에 대한 기후변화 과학자들의 미움과 혐오증은 대단하다. 반대로 기후변화 과학을 부정적으로 바라보는 사람들의 기후변화 지지자(과학자 포함)에 대한 반감 또한 크다. 우선 상대방의 얘기를 거의 들으려 하지 않는다. 흡사 획일적으로 구분되어 있는 한국사회의 보수와 진보를 옮겨 놓은 듯하다. 필자는 보수적인 기성세대에 귀 기울이는 진보적인 젊은 세대를, 또한 그 반대의 경우를 거의 보지 못했다. 이런 시대의 특징에는 여러 가지 이유가 있겠지만 한 가지를 믿게 되면 다른 시각으로의 소통을 닫아버리는 태도로 보아, 우리가 이미 토론한 확정론적 과학도 일조한 듯하다. 격물치지의 '사물' 중 '물'의 영역에서 한 번 정해진 진리를 갖게 되면 더 이상 의심하지 않다. 뉴턴의 확정론적 관점(mechanical view)에 근거한 자연과학의 엄청난 위력이다. 사람들은 그 뜻을 생각해보기 전에 '과학적'이라는 용어를 사용하는 것을 주저하지 않는다. 하지만, 이보다 더한 어려움이 발생하는 것은 '사물' 중 '사'에 대해서도 주체를 인정하기보다는 '물'과 마찬가지로 원칙, 원리, 법칙을 만들려고 한다는 점이다. 정확하고 옳은 언어가 존재한다고 믿고, 정확하게 예측가능하면서 옳다고 판단되는 사회현상이 있다고, 인간관계의 법칙, 정치, 경제법칙도 그러하다고 믿어버리는 것이다. 사회의 공간적, 시대적 이데올로기를 형성하려는 강한 경향이 있다. 현대사회는 어쩌면 자연과학의 틀림없는 법칙이 우주, 태양계뿐만 아니라 인간의 생각, 마음에도 적용될 수 있다는 믿음을 가지고 있는지 모르겠다. 분자, 원자, 빛 이런 것에만 과학법칙이 있는 것이 아니라 사회를 해석할 때도 자연법칙이 적용되고, 인간의 마음, 행동도 그렇다고 믿는 듯하다. 사회학, 심리학에 자연물리법칙이 적용된다는 이론과 학설이 실제 존재하지만 그것은 일부에 불과하고 다른 이론과 학설, 믿음도 다양한데 고집스런 생각은 좀처럼 누그러들지 않는다. 그러니 자기가 믿고 있는 사상과 법칙에 맞지 않는 사회현상, 주위 사람들의 판단을 겪게 되면 화를 내게 된다. 화는 당연히 받을 것, 그러할 것이라고 믿는 것이 그렇지 않을 때 생기는 감정이기 때문이다. 그야말로 자연과학 법칙의 전성기이다.

그러면 이러한 시대의 어려움과 난제를 어떻게 풀어야 할까? 사서 중 하나인 '중용'을 이용하여 해결책을 제시해보고자 한다. 중용은 실제로는 '중화용'이다. 중은 '가운데 중中'이고, 조화의 '화和', 그리고 일상의 '용庸'이다. 여기서, '중'은 비어있는 마음이다. 아직 어떠한 감정(희로애락 등)도 발현(without any representation)되지 않아 텅 비어있는 마음을 의미한다. 즉, 가운데라는 뜻의 '중'을 사용한 이유는 텅 빈 마음의 가운데이기 때문이다. 그런데 사태와 현상이 발생하여 우리의 마음에 무엇인가가 발현되면, 그때는 조화롭다는 뜻의 '화'가 일어난다는 것이다. 아무리 악한 사람도 어느 정도의 화(조화의 화)는 당연히 생기기 마련이다. 사람이 다른 사람과 만나 발현되면 우리의 마음에 '인仁(어질 인)'이 생긴다. 즉, '인'도 '화(조화의 화)'인 것이다. 하지만 우리 마음에 늘 좋은 발현만 생기는 것은 아니다. 때로는 화도 나고 슬프기도 하고 실망도, 절망도 한다. 좋아하여 사랑에 빠지기도 한다. 우리가 어떤 상황, 사태를 만나 화를 내는 것은 나쁜 것일까? 필자도 잘은 모르지만 사람이 어떻게 화내지 않고 살겠는가. 바깥으로 화내지 않으면 속으로 멍들어 다른 마음의 병이 생길 수도 있다. 그럼 상황과 사태를 만나 기쁘기만 한 것은 무조건 좋은 것일까? 한때 아무 이유없이 막 웃는 태도를 실천하는 사람들이 있었다. 지금도 있을 듯하다, 사람은 희로애락을 번갈아가면서 경험하면서 살아간다. 화낼 때마다 죄책감에 시달리고 기쁘고 웃기 위해 억지로 노력한다면 이는 그냥 화내고 기쁘지 않은 것만도 못하지 않을까? '중용', 즉 '중화용'은 감정의 발현자체가 문제가 아니라 이러한 발현된 감정을 마음속에 쌓아가는 것이 해가 될 수 있음을 얘기한다. 화가 날 때는 어쩔 수 없이 화를 내지만 그 상황과 사태가 지나가면 곧 바로 화남의 발현을 지우고 마음을 다시 텅 비게 할 수 있어야 한다는 것이다. 이것이 '중(가운데 중)'이라는 것이고, 이것의 실천이 중용이라는 것이다. 화냄과 기뻐하는 중간을 택하는 것이 중용이라고 알고 있었다면 이것은 중용의 올바른 이해가 아니다. 양 극단의 상황과 사태를 받아들이고 이해한 후에, 그것으로 인해 발생한 발현 혹은 표상을 마음에서 다시 지워 비울 수 있는 실천이 필요한 것이다. 어떤 일, 사태, 상황은 화를 내야 하는 것, 어떤 것들은 기뻐해야 한다는 자연의 법칙이 중용에는 존재하지 않는다. 오직 비어있는 마음과 마음의 발현, 표상만이 존재한다.

15. 지젝이 바라본 기후변화

지난 장에서의 공자님과 만찬가지로, 필자는 지젝과 만난 적이 없다. 여러분 중에 한국을 방문한 지젝의 강연을 들은 분이 있는지 모르겠다. 최근 지젝은 국내에서 그 열풍이 대단하다. 지젝의 책, 강연, 그리고 여러 논쟁들 모두 화제이다. 지젝은 사상적으로 헤겔과 라캉을 이은 철학자로 알려져 있고, 촘스키와의 논쟁도 언론에서 다룰 정도로 유명세를 치르고 있는 철학가이다. 러셀의 계승자를 자처하는 MIT교수 촘스키와 헤겔의 사상적 제자인 유고 출신 지젝이 왜 논쟁을 벌였을까? 국내 신문에 실린 기사를 잠시 살펴보겠다.

"전 세계 좌파 지성계의 두 스타인 노엄 촘스키와 슬라보예 지젝이 최근 인터뷰와 토론 등지에서 상대방의 사상을 거칠게 비난했다고 미국 월스트리트저널(WSJ)이 28일(현지시간) 보도했다. 보도에 따르면 말다툼은 미국의 '비판적 지성'으로 일컬어지는 촘스키 미국 매사추세츠공과대학 교수가 시작했다. 촘스키는 지난해 12월 한 인터뷰에서 질문자가 프랑스 현대철학자 자크 데리다, 정신분석학자 자크 라캉, 그리고 지젝에 대한 생각을 묻자 그는 “여러 음절을 조합한 화려한 개념어를 써서 마치 무슨 이론이 있는 척 행세하는 것에는 관심이 없다”고 말했다. 그러면서 “그 극단적인 예”로 지젝을 직접 거명하고 “그가 얘기하는 것은 무슨 말인지 하나도 이해하지 못하겠다.”고 말했다. 촘스키는 이 인터뷰에서 지젝에 대해 “당신이 언급한 저작 중에서 경험적으로(empirically) 검증 가능한 명제를 끌어낼 수 있는 게 있는지 한 번 찾아보라”고도 말했다. 이에 지젝은 이달 중순 런던대 버크벡칼리지 인문학연구소에서 한 토론에서 이 말을 그대로 받아 촘스키를 공격했다. 그는 “촘스키는 언제나 경험적일 것을 강조하지만, 그 사람만큼 경험적으로 틀린 말을 자주 하는 사람도 없는 것 같다”고 말했다. 슬로베니아 출신 철학자인 지젝은 헤겔 철학과 마르크스주의 이론, 라캉의 정신분석 이론을 씨줄과 날줄 삼은 독창적인 사유로 명성을 얻었다. 각종 대중문화 현상과 정치 이슈를 특유의 재담으로 풀어내 문학이론의 엘비스 프레슬리’라는 칭찬 아닌 칭찬을 받기도 했다. 영 일간 가디언은 이번 일의 의미가 단순한 해프닝 이상이라고 분석했다. 가디언은 ‘경험주의적 전통이 강한 영미권의 촘스키와 추상적 질문에 천착하는 유럽 대륙철학의 전통 위에 선 지젝의 대립’으로 묘사하며 “이론과 이데올로기, 현실의 관계라는 아주 중요한 주제에 관한 논쟁”이라고 평했다.”(경향신문 2013. 7. 29).

여러분은 이 기사를 보고 논쟁하는 두 스타 철학자 중 누구의 손을 들어주고 싶으신지? 아니면 두 사람 모두 관심 없으신지? 시대의 지성이므로 잠시만이라도 관심을 가져 보았으면 한다. 촘스키는 언어학자로서 미니멀리즘(minimalism), 언어생성문법을 발표하였다. 1950~70년대에는 심리학자인 스키너(B.F. Skinner)의 언어 행동주의를 비판하며 지상으로 논쟁한 것으로 유명하다. 그러고 보니 수십 년 전에는 스키너와, 지금은 지젝과 논쟁을 하는, 어쩌면 촘스키는 학문적 논쟁을 즐기는 사람인지도 모르겠다. 촘스키는 러셀의 ‘The Outline of Philosophy’라는 책을 읽고 깊은 감명을 받아 그의 MIT연구실에는 아직도 러셀의 초상화가 걸려있다고 한다. 지젝은 국내에도 꽤 많은 팬들이 있고 2012년, 2013년 한국을 방문하면서 큰 인기를 끌고 있는 학자이다.

필자는 이 두 철학자의 논쟁을 조금은 다른 각도에서 보고 싶다. 누가 더 옳고 논리적이냐가 아니라 왜 이러한 논쟁을 시작했느냐 하는 각도에서 말이다. 세상의 뉴스는 온통 경제성장논리, 국가이익을 위한 정치, 에너지 문제, 핵 안전, 중동국가들의 민주화 등에 쏠려 있다. 국내도 크게 다르지 않다. 자국의 이익이 최우선인 국가들에서는 더 이상 이성, 인간의 존엄 등은 더 이상 논쟁거리 자체가 되기 힘들다. 유럽은 어떤가? 분노한 시민으로 대표되는 남유럽 국가들의 경제위기는 그 끝을 알기 힘들 지경이다. 이러한 시기에 느닷없이 철학적 논쟁이라니. 여러분은 정말 촘스키와 같은 대학자가 지젝의 사상이 싫어 비판했다고 생각하시는지? 필자는 옛날, 퇴계선생과 20대의 유학자 기대승과의 이기론 논쟁, 퇴계선생과 율곡선생의 철학적 다툼(『퇴계와 율곡 생각을 다투다』, 이광호, 홍익출판다, 2013)이 떠올랐다. 다분히 자발적이면서 한편은 의도적인 논쟁이라는 것이다. 두 학자들 간의 다툼이 아니라, 세상을 향한 일갈이라고 필자는 믿고 싶다. 촘스키와 지젝과 같은 대 학자가 아니라면 이 정도의 인기 논쟁을 세계 속에 내놓을 수 있을까. 그렇게 함으로써 젊은 세대 혹은 흔들리는 기성세대의 마음을 올곧게 세우려는 것은 아닐는지.

신문기사에서도 언급되었지만 촘스키가 영미철학의 경험주의를 대변하고 있다면 지젝은 유럽의 합리론을 대표하는 듯하다. 즉, 지젝은 헤겔, 칸트를 이어 데카르트의 후계자를 자처한다. 촘스키의 표현대로 지젝의 이론은 현란하다. 우리가 이미 언어 논의에서 살펴보았지만 언어의 상징성과 언어 의미의 확대는 때론 우리를 당혹스럽게 한다. 하지만 지젝도 그것을 알고 있는 듯하다. 그는 언어는 존재의 고문실이라고 표현했으며, 언어의 마술사만이 대중 선동을 할 수 있다고 했으니까 말이다(보스니아 인종청소 리더가 시인이었던 것을 상기). 그럼 지젝에게 자연, 생태는 무엇일까? 지젝은 진보학자이기 때문에 생태에 대한 그의 생각도 개발 반대, 생태보존에 가까울 것이라고 믿었다면 여러분은 크게 당황할 것 같다. 지젝은 지금의 생태위기를 극복하려면 인간은 근본적으로 자연, 생태와는 분리되어 있다는 것을 인정하는 것으로부터 출발해야 한다고 믿고 있다. 즉, 급진생태주의에 가깝다. 자연과 생태와 인간의 조화(심층생태주의)를 강조하는 것은 사람들의 삶의 양식을 바꾸길 끊임없이 요구하는 폭력이라고 주장하면서 현재의 생태적 위기는 인류가 어쩔 수 없는 자연 혹은 우주의 우연 현상이므로 있는 그대로 받아들여야 한다는 것이다. 즉, 생명에는 진보, 진화가 있지만 자연에는 진보, 진화가 없다고 그는 믿는다. 심지어 전체를 위한 조화를 강조하는 것은 어머니와 같은 자연 속 인간의 사소함을 얘기하게 되므로 전체주의와 같은 오만한 폭력이라고 표현하였다. 지금의 지구온난화 위기를 화석연료에 대한 규제 등으로 해결할 수 있다고 믿는 것은 부질없는 기대이며, 현재의 인류는 지구의 긴 역사 속에서 지질학적 변화를 일으킨 한 시기를 살고 있다는 것이다. 생태학, 기후변화의 진정한 문제는 자연 속 혹은 자연에 가한 인간의 활동에 있는 것이 아니라 우리가 무엇을 모르는지를 모르는 것이라고 하였다. 그는 꿀벌의 소멸을, 우리가 무엇을 모르는지를 모르는 좋은 예라고 하였다. 생태와 기후변화의 위기는 인류가 선택하고 싶지 않는 것을 계속해서 선택해야 하는 상황에서 벗어나, 스스로의 의지에 의해 선택할 수 있는 것을 내놓을 수 있는 조건과 상황을 만들 수 있을 때 해결 가능하다는 주장을 한다. 이를 위해서 문제해결능력을 가진 전문가보다는 문제발생의 구조를 생각하는 지식인이 이 시대에 필요하다고 하였다.

끝으로, 꿀벌의 사라짐에 대해 얘기를 나눠볼까 한다. 지젝도 지적하였지만 꿀벌은 그 수가 서서히, 하지만 뚜렷하게 사라지고 있다. 신문, 방송, 여러 책에서 여러 차례 이에 대해서 소개되었다. 아인슈타인도 꿀벌의 감소를 예측하기도 했다. 실제 아인슈타인 시절에 비하면 약 1/4 수준으로 꿀벌이 감소하였다고 한다. 또한, 최근 신문을 보면 2006년에 비해 미국의 꿀벌이 40%나 감소하였다고 한다. 꿀벌은 인간이 지배하는 작물의 약 30% 정도를 수정하고, 식량의 90% 정도를 차지하는 주요 작품의 약 70%를 수정한다고 한다(한국일보, 2014년 7월 2일). 꿀벌이 사라지는 이유는 학자, 전문가들 사이에서도 의견이 분분한다. 농약, 바이러스 감염, 핸드폰 전파 등 다양하다. 하지만 아직 확실하게 원인이 밝혀진 것 같지는 않다. 그런데 여기서 잠깐 우리 자신에게 묻고 싶은 것이 있다. 우리는 꿀벌에 대해서 얼마나 알고 있고 또 관심이 있냐는 것이다. 농사, 양봉, 꿀 등 꿀벌에 의존하는 많은 것이 있음에도 불구하고 꿀벌에 대한 관심 자체가 없다. 그래서 잠시 꿀벌을 소개할까 한다. 태양 자전축을 기준으로 한 자전주기가 21일이고, 꿀벌이 알로부터 나오는 시간이 정확히 21일이다. 그런데 여왕벌과 숫벌의 부화시간은 21일이 아니라 각각 16일, 25일이다. 벌 중에서도 꿀벌만이 태양과 그 주기를 같이 한다. 꿀벌은 암벌이라서 벌 공동체의 거의 모든 일을 담당하는 일벌이다. 재미있는 사실은 벌들의 알을 6각형 벌집 안 구조에 두면 꿀벌로, 포대기처럼 생긴 알집에 두면 여왕벌로 부화된다는 것이다. 즉, 6각형 구조가 태양의 영향을 최대한으로 할 수 있는 구조라는 것이다. 우리가 짐작하기로는 여왕벌의 경우, 로얄젤리를 먹기 때문에 여왕벌로 되는 것으로 알지만 그것이 아니다. 참고로 숫벌은 알을 그냥 바닥에 둔다고 한다. 태양의 영향을 최대한으로 하고 태양의 자전주기와 맞추어 부화되는 것이 암벌, 즉 일벌이다. 태양계에 존재하는 생명체와 태양의 관계는 우리가 생각하는 것보다 훨씬 더 밀접할 수도 있다. 이를 숫자로 한번 연결해 보도록 하겠다. 조금 억지스런 면이 있지만 꽤 흥미롭다. 사람이 1분 동안 약 18번 숨을 쉰다고 하면 하루 동안 25,920번 쉬게 된다. 평균 수명을 71년으로 가정하면 25,915일인데, 태양이 천제를 공전하는 주기(zodiac)가 25,920년이다. 이 숫자들이 비슷한 것이 우연일수도 있다. 다만 필자가 얘기하고 싶은 것은 이 모든 숫자가 태양과 연관이 있다는 것이다.

숫벌은 영어로 drones이다. 이 뜻은 '빈들거리면서 논다'이다. 꿀넥타를 수집하여 꿀로 토해내는 일도, 벌집을 짓는 일도, 외부의 공격으로부터 방어하는 일도 모두 꿀벌(암벌)의 몫이다. 숫벌이 평생에 걸쳐 하는 것이 딱 하나 있는데 여왕벌이 수태하는데 도움을 주는 것이다. 이 과정도 특이하다. 태양의 기운이 가장 좋은 날, 여왕벌은 하늘 높이 태양을 향하여 비행을 하는데 이때 여왕벌 주위를 빙빙 돌면서 여왕벌이 수태하게 돕는다. 그런데 숫벌과 여왕벌은 접촉하지 않는다. 즉, 처녀생식인 것이다. 꿀벌과 태양의 두 번째 신비로운 관계이다.

꿀에 대해 깊이 생각해 본 적이 있는지? 꿀은 꿀벌이 온갖 식물을 옮겨 다니면서 넥타를 먹고 토해낸 엑기스이다. 그것만이 아니다. 태양의 에너지를 여러 형태로 변환시킨 서로 다른 식물들로부터 가져온 우리 인간이 이해하기 힘든 신비롭게 변환된 에너지를 가지고 있다. 애기가 아프고 발육이 늦고 혹은 뼈가 약하다고 생각되면 토종꿀을 우유에 조금 타서 먹이는 것만으로도 도움이 되지 않을까? 괴테의 후계자를 자처했던 루돌프 스타이너 박사는 1923년 인위적으로 여왕벌을 키우는 방식으로 인하여 80년 후에 전 세계 꿀벌의 약 60% 정도가 사라질 것이라고 예측하였다. 약 90년이 지난 지금 비슷한 현상이 나타나고 있다. 여왕벌이 그렇게까지 중요할까 생각할 수 있다. 하지만 새로 태어난 여왕벌이 만약 새로운 벌집으로 들어오면 그 벌집에서 다른 여왕벌과 함께 살아 왔었던 꿀벌들은 큰 동요를 일으킨다. 스타이너 박사의 표현을 빌리면 벌들은 그 작은 눈에도 불구하고 새로운 여왕벌의 밝음에 눈이 부셔 적응하기 힘들다고 한다. 많은 꿀벌들은 새로운 여왕벌에 적응하지 못하고 도태되어 버리는 것이다. 꿀벌의 사라짐의 원인으로 농약의 남용, 바이러스 감염, 전자파 등이 거론되지만 여왕벌을 인위적으로 조절해야 하는 양봉이 원인이라는 스타이너 박사의 주장은 우리에게 새롭다. 요즘 유난히 보기 힘든 꿀벌을 보면서 꿀벌의 사라짐이 어떤 결과 혹은 지구의 어떤 환경재앙으로 귀결될지 두렵기도 하다.

16. 행동주의와 기후변화

어떤 '주의(-ism)'로 세상을 바라보는 것이 바람직한지 모르지만, 행동주의로 우리의 생각과 그 결과인 행동을 이해하는 것은 여러 가지 측면에서 꽤 유용해 보인다. 50년대 행동주의는 미국을 중심으로 여러 영역에서 영향력이 있었는데, 동물행동뿐만 아니라 생각능력, 언어, 교육 등에서도 많은 이론들을 발표하였다. 스키너의 상자로도 유명한 스키너 교수(B.F. Skinner, 1904～1990)는 행동주의의 대표적인 학자이다. 스키너 이전에 1913년 존 왓슨(John B. Watson) 하버드대학 교수가 '행동주의'라는 용어로 논문 등을 펴내면서 행동주의를 이미 소개하였고, 심리학 전공 1호 교수가 되었다. 하지만 당시 심리학계는 멘탈(mentality) 중심의 연구와 이론이 번창하던 시기라서 행동주의라는 이론이 학자나 일반인들에게 쉽게 받아들여지지 않았다. 다만 존 왓슨 교수는 스키너 교수에게 큰 영향을 주었고 이는 행동주의의 발전으로 이어진다. 비슷한 시기 러시아의 파블로프는 실험 심리학, 특히, 뇌관련 구조이론으로 동물의 행동을 해석하여 행동주의에 힘을 실어 주었다. 이후 우리가 행동주의의 대표적인 인물로 스키너 교수를 기억하는 이유는 그가 좀 더 체계적으로 이론을 연구했고 또한 동물실험을 통해 실험과학의 영역으로 행동주의를 발전시켰기 때문일 것이다. 그는 여러 실험들과 연구를 집약하여 1971년 『Beyond Freedom and Dignity』, 1974년 『About Behaviorism』이라는 책을 출간하면서 행동주의를 완성하기에 이른다. 행동주의 이론과 더불어 스키너 교수는 이상적인 공동체 사회에도 관심이 많아 2차 세계대전 직후인 1948년 '월든 2'라는 소설을 발표하면서 행동주의 이상에 기반 한 공동체를 설계하여 묘사하기도 했다. 이 소설에서 그는 그가 꿈꾸는 행동주의 유토피아를 소설 형식을 빌려 표현했다. 소설 속 공동체가 너무 이상적인 면이 있기는 하지만, 때로는 중심을 잃은 현대사회의 대안을 제시하는 면도 있다. 직업의 귀천이 없이 공동체에서 기여하는 방식으로 의식주 등을 해결하는 것은 사회주의의 한계를 넘어서는 다른 대안까지 제시한다. 모든 가치 기준이 돈이 되어버린 자본주의 사회의 한계를 느끼면서도 대안이 없어 그냥 끌려가는 현대인들이 한 번쯤 꿈꾸어 볼만한 사회이기도 한다. 월든 2 공동체의 교육은 스키너 행동주의 철학의 핵심이다. 교육은 과학이 아니라 기술이라고 한 그의 철학에 근거하여 교육시스템이 설계되고 운영된다. 행동주의는 '행동'뿐만 아니라 인간의 생각, 생각에 영향을 미치는 환경, 생각과 환경을 연결하는 인간 마음 깊숙한 곳 설명하기 힘든 연결 등 복잡한 구조를 일반인들도 상대적으로 이해하기 쉽게 해석한 이론이라고 필자는 생각한다. 행동주의는 개인심리, 집단심리 뿐만 아니라 교육 분야 등에서도 응용가능하며, 인간 언어의 생성, 특성 이해에도 응용될 수 있다고 스키너는 주장하였다. 이런 이유로 진보 언어학자인 MIT교수 노암촘스키는 1959년 스키너의 언어행동주의를 비판하는 글을 쓰기도 하였다. 현재까지도 여러 책이나 이론 등에서 스키너와 촘스키의 이론은 재미있게 대비되고 있다. 행동주의 심리학이 스키너 이후 학문적으로, 이론적으로 크게 주목받지 못한 듯하지만 스키너의 행동주의 책을 살펴보면 우리의 생각, 판단, 현대의 많은 교육체계, 사회, 경제 시스템 속에 그 영향이 많은 부분 남아 있음을 알 수 있다.

어떤 학생이 기후변화 수업시간에 수업에는 집중하지 않고 다른 과목의 레포트를 작성하든지 혹은 스마트폰으로 친구와 대화를 하는 상황을 가정해보자. 그 학생이 그렇게 한 배경에는 나름의 이유가 있다. 먼저 그 학생은 교수의 수업에 만족을 못하든지 혹은 교수에게 어떤 이유인지 모르지만 화가 나 있을 수 있다. 그래서 수업에 집중하지 않는 것이다. 혹은 그 학생은 수업에 열심히 참여하더라도 큰 성과를 얻기 힘들다고 판단했을 수 있다. 즉, 기후변화 수업에 열심히 참여하더라도 취업을 하는 데는 큰 도움이 되지 않든지, 전공분야에서 뛰어난 학자가 되는 것에는 도움이 되지 않을 것이라 믿기 때문이다. 또한, 도움의 차원이 아니라 단순히 재미가 없었을 수도 있다. 어떤 이유이든지 학생이 수업에 집중할 수 없다면 그것은 전적으로 교수의 책임이다. 행동주의 측면에서는 그렇다. 교수, 즉 교육을 하는 교육자는 학생이 배우는 과정에서 어떤 이유이든 관심을 가지도록 해야 할 의무가 있다. 어떤 방법을 사용하더라도 학생이 배우고자 하는 자세를 가실 수 없다면 '벌(punishment)'을 주어서라도 배우려는 의욕을 만들어내야 한다고 행동주의는 주장한다. 하지만 벌은 목적을 이루기 위한 부정적인 방법이므로 가능하면 긍정적 방법을 사용하는 편이 효과적이고 또 그렇게 되어야 한다. 부정적 방법은 대부분 자극적이라서 오래 지속될 수 없기 때문이다. 교수가 학점을 이용하는 것도 일종의 부정적 의미를 가진 인센티브 제도이다. 교육의 효과는 긍정적이면서 자발적으로 유도해 낼 수 있을 때 극대화된다. 수업에 참여하는 것 자체가 재미있을 수 있다면 굳이 부정적인 방법을 쓰지 않더라도 학생들은 수업에 적극적으로 참여할 것이다. 기업에서 일하는 사람들을 회사를 위해 열심히 일하게 만드는 방법도 이와 다르지 않다. 일하지 않으면 벌을 주든지 회사에서 추방하는 방법을 쓰지 않고도 일을 열심히 하게 만들려면 어떻게 해야 할까? 승진제도를 통해 이룰 수도 있고, 상여금과 같은 인센티브를 주는 방법도 있을 것이다. 야단도 계속 맞으면 익숙해지고 인센티브 혹은 상금도 정기적으로 받으면 당연한 것으로 여기게 되는 것이 인간의 마음이다. 보너스는 효과 있는 방법이기는 하지만 한계가 있다. 어떤 해, 그 동안은 없었던 추석상여금을 갑자기 지급하면 사람들은 고마워한다. 그 다음 해에도 추석상여금을 지급하면 여전히 고마워하겠지만 처음 받던 때와 비교하면 고마움이 덜해진다. 그런데 그 이듬해 추석상여금이 없어지면 사람들은 상여금이 없는 것이 보통의 임금체계임에도 불구하고 섭섭해 하고 어떤 사람들은 화를 낼 수도 있다. 학생들에게 학점을 잘 주던 교수가 어떤 학기에 학점을 예상보다 낮게 주면 학생들은 학교의 학점 기준을 생각하지 않고 예전과는 달리 학점을 낮게 준 교수를 비난하게 된다. 사람들로 하여금 열심히 일하게 하고 공부하게 만들기 위해 이용되는 상벌(praise and punishment)제도의 효능과 한계이다. 상벌을 효과적으로 잘 이용하는 조직은 초기에 빠른 효과를 거두어 성공하는 듯 보이지만, 결국 구성원은 상벌이 어떻게 작동하는지에 탐닉하게 되어 건강한 조직을 유지하기 힘들다. 특정 상벌이 효과가 떨어지면 더 강한 상벌을 도입하게 되어 악순환이 된다. 상벌에 길들여진 행동들은 생존을 위한 행동양식(behavior for survival)과 유사한 패턴을 취한다. 인간의 사냥, 전쟁 등이 이 범주에 속한다. 교육을 하고, 기업을 운영하고, 인간적인 사업을 수행하는 것은 경쟁만이 존재하고 생존자체가 가치인 전쟁터와는 달라야 한다. 그래서 행동주의에서는 상벌제도 보다는 다른 방법을 제안한다. 자발적(operant) 행동 동기부여이다. 회사에서 열심히 일을 하여(즉, 행동) 얻은 결과가 그 일을 한 자신, 그 사람이 속한 기업, 사회에 도움(기여)이 되는 경험을 하게 하는 것이다. 상과 벌도 이러한 도움에 속하지만 일부에 지나지 않는다. 그 외 다른 사람들을 행복하게 했던지, 마음이 아픈 사람을 위로해 준 경험을 했던지, 사회의 특정 문제가 그 일로 인해 풀릴 수 있는 실마리를 갖게 되었던지, 많은 경우가 있을 수 있다. 공부를 열심히 했더니 학점이 잘 나온 것뿐만 아니라, 열심히 공부하는 과정에서 친구와 같이 공부하는 즐거움도 얻게 되고, 기후변화의 여러 과학자들을 알게 되어 전공 공부에 도움이 되었을 수도 있고, 공부하는 과정에서 책을 읽는 습관을 가질 수 있었으며, 앞으로 되고 싶은 직업도 갖게 되었을 수 있다. 이후 특정 행동을 했었던 비슷한 상황, 환경을 다시 만나게 되면 그 상황, 환경에 대해 우리가 행한 행동이 가져다 줄 결과를 떠올리게 되고, 그 기억은 우리가 자연스럽게 비슷한 행동(즉, 열심히 일하고 공부하는)을 하게 만든다. 그러한 상황, 환경과 행동, 그리고 행동을 뒤따르는 결과가 반복되다 보면 행동은 갈수록 강화(reinforcement)된다는 것이다. 행동에 대해서 상 혹은 벌을 줌으로써 빠른 효과를 거둘 수는 있을 것이다. 반면에 행동 강화를 유발시키는 경험은 비록 강화되기까지는 시간이 필요하겠지만, 일단 만들어지면 지속적으로 행동을 유도시킬 수 있다는 장점이 있다. 행동주의 심리학은 여기에 초점을 맞춘다. 만약 우리가 지구온난화 원인인 온실가스 배출량을 줄이기 위해 개인, 기업, 도시, 국가에 벌칙금 혹은 세금을 부과하는 강제성을 지닌 부정적 제도를 사용할 수도 있지만, 온실가스를 줄이는 과정에서 얻을 수 있는 즐거움, 사회를 변화시키는 경험들이 가능한 사회시스템을 만들 수만 있다면 부정적 제도를 사용하지 않고도 지구온난화에 대응할 수 있다. 지구온난화 과학과 온실가스 배출감소를 위한 탄소배출권 거래제 등의 인센티브 제도도 효과가 있을 수도 있지만, 지구온난화와 사회, 인간의 마음을 아우르는 아이디어를 통해서 기후변화 문제해결의 완성이 가능해진다고 믿는 것이 행동주의 심리학의 근본적인 철학이다. 양(quantity)적 성과만이 평가되는 대학문화와 기업 경쟁문화에 행동주의 철학이 새로운 대안을 제공해 주길 기대한다. 특히 자발적 행동을 이용한 행동 강화 철학이 질적 성과가 양적 성과를 대체할 수 있는 사회적 합의를 이끌 수 있는 아이디어를 제공할 수 있기를 기대한다. 질(quality)적 성과를 제대로 이해한다면 무조건 많이 이루어야 한다는 강박관념을 벗어나게 도와주며, 가치 중심적인 무엇을 알 수 있고 할 수 있는지, 그 무엇을 어떻게 해야 하는지 고민할 수 있게 도움을 준다. 대학사회에서의 논문 성과 예를 들면, 발표한 논문의 숫자로 평가하는 것도 양적 평가이지만, 현재 질적 평가로 이용되고 있는 저널의 영향계수(impact factor)도 양적 평가기준이다. 질(quality)은 칸트의 개념 지식 중 하나였음을 기억해야 한다. 칸트 분류의 도움을 받아 다시 정리해보면, 질적 평가기준은 논문의 연구내용과 결과가 인간 혹은 사회 가치 측면에서 어떤 실체(reality)와 개념(concept)을 만들어 내었는지를 판단하는 것이다. 숫자(number)로 표현할 수 있을 때만이 객관적인 공정성을 가질 수 있다는 강력한 믿음이 지금의 양적 평가를 유일한 척도로 만들어 버렸다. 서로에 대한, 주관에 대한 믿음이 사라진 결과이다. 지금의 성과 속도를 유지한 채 질적 평가를 우리 사회에 도입할 수 있는 길은 없다. 질적 평가는 서로에 대한 믿음과 신뢰를 기초로 하기 때문이다. 구성원이 100명인 조직이 있어 질적 평가를 하려면 100개의 다른 평가방법이 존재해야 한다. 그것이 질적 평가라는 것이다. 100명의 종업원이 일하는 기업이 있다면 100명의 종업원 각기 다른 방법으로 회사에 기여할 수 있다. 그런데 어떻게 하나의 기준으로 100명의 종업원을 획일적으로 평가할 수 있을까? 대학의 한 과목에 20명의 학생이 수강신청을 하고 수업에 참여할 때, 교수는 20명의 학생이 이루어 내는 20개의 각기 다른 질적 배움을 20개의 다른 기준으로 평가해야 한다. 100개의 대학이 있다면 100개의 다른 질적 교육철학을 대학들이 가지고 있다. 질적 대학순위는 존재할 수 없다. 오직 양적 대학순위만이 존재한다. 국가는 공적 가치를 추구하기 위해 국민으로부터 힘을 위임 받았다. 국가기구 중 교육부에서 대학의 양적 평가기준을 하나로 만들어 객관적이고 공정한 교육정책을 만들었다고 자족하지 말고 민간차원 혹은 기업차원에서는 감히 해낼 수 없는 질적 대학 평가를 해주기를 필자는 간절히 바란다. 대학은 순위로 평가되는 것이 아니라 어떤 교육철학을 가지고 있는지 사회로부터 인정받는 곳이기 때문이다. 이때 비로소 입시지옥에서 벗어나 어떤 가치로 사회에 기여할 수 있을 지를 고민하는 모습의 청소년을 만날 수 있게 된다. 이를 위해서 용기가 필요하다는 것을 우리 모두는 이미 알고 있다.

질문

자신이 경험한 행동 강화(reinforced behavior) 한 가지를 소개하고 이를 기후변화 아이디어와 연계하여 토론해 보세요.

17. 실용주의(pragmatism)와 기후변화

많은 경우 우리가 오해를 하는 사상 중 하나가 실용주의이다. 실용주의와 실용은 차이가 있다. 실용주의의 핵심을 이해하기 위해 좋은 예가 하나 있다. 시간(time)과 시계(watch)이다. 우리는 시간이라는 개념을 안다. 시간의 흐름을, 나이 듦도 느낀다. 시간은 시간만으로는 표현될 수 없다. 우리 의식의 흐름, 현상의 발현이 없다면 시간은 존재할 수 없고 무의미해져 버린다. 시간은 여러 가지로 표현된다. 어린 시절의 우리와 나이 든 이후 우리 사이에서 세월이라는 개념으로 시간이 완성(completeness)된다. 우리가 감각하고 기억할 수 있는 현상의 차이를 이용한 것이다. 다른 예를 들어보자. 10년 전쯤 어떤 가을날 학교에서 집으로 돌아오는 길에 헌책방과 떡볶이 가게를 들른 것은 기억나는데 어떤 곳을 먼저 들렀었는지 기억이 나지 않는다고 가정해보자. 헌책방을 먼저 갔었는지, 떡볶이 가게를 먼저 갔었는지 중요하지 않을 수 있지만 여기서는 중요하다고 가정하자. 이때 만약 여러분이 그날 일기에 헌책방에서 읽고 싶은 소설책 한권을 산 시간과 떡볶이 가게에서 어묵을 사먹은 시간을 메모해두었다면 여러분은 쉽게 두 사건의 전후를 명확하게 파악할 수 있다. 시간은 우리가 인식하는 사건들의 흐름이기도 하지만 또한 여러 방법으로 실체화될 수 있는 예이다. 10년 전의 필자와 지금의 필자는 모습이 다르므로 시간은 쉽게 실체화된다. 상대적으로 짧은 시간의 간격을 지닌 현상, 사건 흐름을 시간 개념으로 인식하기 위해서는 현상, 사건 인식만으로는 힘들 수 있고 '시계'의 도움을 받아야 한다. 여기서 시계는 시간이라는 개념의 인식을 돕기 위한 새로운 개념(혹은 아이디어)이다. 즉, 이미 존재하고 있는 개념과 새로운 개념이 합쳐져서 오래된 개념이 특정한 관점에서 완성될 수 있다. 이것이 실용주의(from Pragmatism, by William James(1842～1910) ; 이후 John Dewey(1859～1952)에 의해 발전됨)이다. 다른 실용주의의 예를 들면 유전과 DNA, 지구온난화와 이산화탄소, 건강과 신체나이 측정, 부와 돈, 경제와 화폐, 교육과 학위, 통신과 핸드폰 등이다. 유전이 곧 DNA는 아니다. DNA는 최근 발견된 하나의 실체적 개념이다. 하지만 DNA를 통해 유전이라는 개념이 특정한 방법으로 완성될 수 있다는 것이다. 한 사람의 건강을 가늠하는 수많은 방법이 있지만 신체나이라는 개념으로 그 사람의 건강을 얘기할 수도 있다. 경제를 화폐, 즉 외환보유고, 부채비율 등으로 설명할 수도 있다. 많은 통신이 존재하지만 핸드폰을 통해 설명할 수 있는 통신이 있다. 새로운(신) 개념/아이디어는 이미 존재하는 (구) 개념을 매우 구체적으로 완성시킬 수 있다는 뜻이다.

구개념이 신개념을 만나 특정한 가치를 가진 쓰임이 생기는 것을 실용주의라고 한다면, 실용주의는 시대를 따라 쓰임의 달라짐도 생기고 가치의 기준도 바뀔 수 있다. 또한 동일 시대라 할지라도 국가나 사람에 따라 실용의 가치는 다를 수 있다. 즉, 실용주의 근간에는 진실(truth)이 포함되어 있다. 절대적 진실이 아닌 상대적인 진실, 시간의 흐름 속에서 유연하게 변하고 적응해 가는 진실이다. 개인, 공동체, 국가, 시대 속 진실을 말하려면 다루고 있는 대상만으로는 부족하며 그것을 판단하는 주체, 즉 사람이 들어가게 됩니다. 그래서 실용주의는 인간 활동의 흔적을 고스란히 담고 있다. 실용주의는 그 가치를 휴머니즘(Friedrich von Shiller(1759~1805))과 함께 해야만 한다. 휴머니즘 가치를 무시한 실용주의는 존재할 수 없다. 존재는 하지만 실용주의적 가치를 지닐 수는 없다. 2차 대전 때의 한 예를 들어보겠다. 독일 나치는 전쟁에서 승리하기 위해 염소가스발생 폭탄을 개발한다. 전쟁이라는 구개념이 염소가스 폭탄이라는 신개념을 만나 영국군과의 한 전투에서 승리하였다. 이때 영국군 수만 명은 몰살당한다. 구개념이 신개념과 만나 특정하게 사용되는 '실용'이 생겼다. 하지만 우리는 이를 실용주의의 예로 여기지 않는다. 왜냐하면 그것은 인간 진실의 가치를 품지 못했고 비인간적 목적을 의도했기 때문이다. 당시, 독일 나치에게는 수단과 방법을 가리지 않고 이룰 수 있는 승리가 그들의 진실이었다면 상식을 가진 사람들에게는 그것은 진실이 될 수 없는 것이다. 독일의 과학자였던 아인슈타인이 이를 강력하게 반대한 이유이기도 한다. 실용주의는 휴머니즘과 그 가치를 공유할 때만이 진실을 가진 실용주의가 될 수 있다는 것이다. 염소가스 폭탄과 같이 판단이 명확하게 내려지는 경우도 있지만, 그렇지 않은 경우도 있다. 식량이라는 구개념이 유전자변형(GMO)기술이라는 신개념과 만나는 실용주의를 생각해보자. 여러분 중 일부는 이를 특정한 가치를 가진 실용주의로 볼 것이고, 다른 일부는 이러한 신개념 기술은 불확실한 위험을 내포하고 있으므로 실용주의가 되어서는 안 된다고 판단할 수도 있다. 이렇듯 실용주의의 가치와 진실은 시간과 공간에 따라 유연하게 변할 수 있다. 이는 절대적 진리를 담아야 하는 합리주의/이성주의(rationalism)와는 뚜렷한 차이가 있다.

실용주의는 진실, 가치 못지않게 완성(completeness)되는 것에도 관심을 둔다. 우리가 살고 있는 이 시대, 이 공간 속에서 실제로 사용될 수 있는 실체화가 이루어져야 한다. 만약 관념이나 아이디어로만 생각되어지는 것이 있다면 실체(reality)로 변화시키는 기술이 필요하다. 실체로의 변화가 가능해야 한다(possibility 개념). 이를 현실화(actualization)라고 한다. 조선후기 실학이 그랬었을 것 같다. 많은 구시대 개념과 가치가 새로운 시대에서 현실화되기 위해서는 사상적, 도덕적, 정치적 장벽을 극복하는 실용이 있었어야 했다. 실용주의가 학문의 영역으로 깊어지고 확대되었어야 했다. 그래서 실학이 되지 않았을까 생각한다. 그 과정 속에서 구시대 가치와 진실이 신시대의 그것들로 바뀌져야 했고, 구시대 기술은 신시대의 기술과 합쳐지고 때로는 낡은 사상, 가치, 기술들이 과감하게 포기되어야 했을 것이다. 만약 조선이 살아남아 실학이 어려운 과정을 거쳐 완성되었다면 역사에 유례없는 엄청난 실용주의가 탄생했을 것이다. 서양과 동양의 결합이라는 시너지가 발휘되었을 수도 있다. 하지만 그 아쉬움은 역사 속에만 묻혀있지 않다. 역사는 많은 진실을 담고 있는 사건 속에서 선택되어 현재로 가져올 수 있기 때문에 역사(What is history, E.H. Carr)이다. 휴머니즘과 합쳐진 실용주의는 21세기 가치혼란시대를 살고 있는 한국인들에게 실학의 사상으로 살아나 새로운 사회의 가치와 정체성을 줄 수 있기를 기대한다.

질문

기후변화, 지구온난화라는 구(old)개념을 현실화함으로써 완성하기 위한 신개념의 예를 들고 완성되는 과정을 토론하시오.

18. 기후변화와 교육

우리의 교육을 잠시 돌아보자. 우선은 유치원과 초등학교를 살펴보면 가치의 문제를 고민하는, 즉 어떻게 사는 것이 행복한 것인가를 고민하는 학교로 자녀를 보내는 부모들이 꽤 많다. 중학교 이상이 되면 상황이 크게 바뀌어 가치의 문제보다는 부모들이 생각하는 현실의 문제로 돌아온다. 이 과정에서 고민을 하기도 하지만 냉정한 현실 앞에서 어쩔 수 없는 것 아니냐는 생각을 한다. 부모뿐만 아니라 아이들도 현실적인 생각을 하게 되어 어떤 삶을 살 것인가 보다는 매우 구체적인 직업을 자신의 꿈이라고 믿기 시작한다. 즉, 눈으로 보이는 직업만이 학생들의 꿈이 된다. 가치와 자기실현이라는 것이 교육의 목표라면 그 교육 속에서는 구체적 직업보다는 살아가는 모습을 다르게 상상할 수도 있을 텐데 말이다. 이러한 학생들이 대학에 들어오면 이제 구체적 직업에다가 삼성, LG, 어떤 연구소, UN 어떤 기구, 법률사무소, 의사 등과 같이 구체적인 회사이름이 그들의 꿈이 된다. '대학(university)'은 크게 배우는 곳임에도 너무나 작은 꿈으로 쉽게 변화해 버린다. 이것은 전적으로 교육자, 그리고 교육을 하는 위치에 있는 사람, 시스템의 잘못이다. 즉, 크게 교육하지 못한 이유이다. 경제 선진국의 교과서, 교재, 시스템, 기업을 위한 지식 등을 지상목표로 하는 대학에서 가치를 강의하고, 토론하고, 이를 배우는 것은 거의 불가능하기 때문이다. 현 사회를 이끌어가고 있는 큰 줄기에 거슬리지 않고 필요한 지식을 가진 인재들을 만들어 내보내는 역할에 충실해야 하기 때문이다. 하지만 그것이 교육일까?

교육은 사회, 현재라는 시간과 공간의 개념 속에서 우리가 가진 가치와 지식을 공유하는 자연스러운 활동이다. 명백하면서도 진실을 담은 지식을 공유하고, 이것이 인간의 가치와 다르지 않다는 경험을 자연스럽게 함으로써 현재가 미래의 현재로 이어지게 하는 행위이고 시스템이다. 대학교육에 대해 생각해보면 '소학', '중학'이 아니라 '대학'이다. 큰 것이라고 이름 지은 이유가 있다. 만약 대학의 주목적이 지식의 전달이라면, 물론 지식의 전달도 중요하지만 특정과목을 강의하는 교수, 교재, 수업 등에 대해서 그 강의가 한국에서 최고라고 얘기하기 힘들 수 있다. 교수의 문제일 수도 있고 교재의 문제가 될 수도 있다. 외국의 교재를 사용한다면 아마도 그 교재를 직접 만든 저자 교수보다 더 좋은 강의를 하기 힘들 것이다. 하지만 우리가 여기서 얘기해야 하는 것은 교육은 개념적 지식을 전달하는 활동 이외에 그 지식이 실현되는 상황을 학생들과 체험하면서 경험하는 종합적인 과정이라는 것이다. 동일한 혹은 유사한 상황이 발생했을 때 학생들이 대처하고 또한 새로운 상황, 새로운 세상을 만들 수 있는 힘을 주는 과정이라는 것이다. 행동주의 교육철학에서 이미 토의한 바 있다. 교과서 속 지식이 아니라 수천, 수만 가지 상황을 사회의 가치 속에서 경험하게 하는 과정이 교육이며, 특정 대학교는 그 대학이 추구하는 특별한 교육철학적 가치와 세상을 바라보는 시각을 가지고 그 가치를 공유하는 것을 끊임없이 학생들과 교수들이 함께 노력하는 곳이다. 그것이 대학이다. 어떤 가치를 가지고 어떤 지식에 기반한 판단을 했더니 어떤 대학교의 구성원들 사이에서 특별한 호의를 얻지 못했다면, 그 특정 상황에 대해서는 우리가 가졌었던 지식과 가치가 효율적이지 못하므로 다음에는 다른 지식과 가치, 판단, 행동의 조합을 이용해야겠구나 하는 프레임이 형성된다는 것이다. 이러한 판단, 생각, 행동의 프레임은 대학마다 다를 수밖에 없다. A대학, B대학, C대학 등은 그들만의 교육철학, 토론문화, 시대적 이슈에 대한 나름의 패러다임을 가지고 있다. 그것이 대학문화이고 대학의 정체성이라는 것이다. 이런 이유로 우리는 특정 사회문제에 대해서 특정대학의 판단에 반감을 가질 수 있는 것이다. 그러다가도 그 대학의 다른 판단에 대해서는 동의를 할 수도 있다. 만약 여러분이 어떤 대학하면 무조건 싫은 감정이 생긴다면 그것은 우리가 유학의 중용에서 다룬 바와 같이 여러분은 중용을 실천하지 못하고 있는 것이다. 싫어하고 좋아하고 화나고 기쁜 감정과 판단이 생기는 것은 당연하고도 어쩔 수 없이 일어나는 것이다. 중요한 것은 그러한 감정과 판단을 우리의 마음속에 쌓아가면서 묵히지 말고 상황이 끝나면 다시 비워야 한다는 것이다. 그것이 중용의 가치이다. 비슷한 상황이 다시 생기면 그때는 어떻게 될까? 전 상황에서 만약 우리가 화를 내고 반대를 했다고 가정해보자. 특정상황에 대해 우리가 화를 내고 반대를 했더니 우리가 몸담고 있는 이 사회의 반응이 우리가 바라던 방향이 아니더란 것이다. 그러면 우리는 더 화를 내게 될까? 아니다. 그렇게 하지는 않을 듯하다. 우리가 화내었고, 우리가 반대했었던 그 상황과 우리의 마음, 감정, 판단을 돌아본다는 것이다. 극단이 아닌 최선의 또 다른 방향으로 감정과 판단, 생각이 자연스럽게 흘러가게 된다. 이것이 중용이다. 감정과 판단의 쌓임을 전제로 하지 않는 감정과 판단의 순환, 이것이 교육철학, 지식의 나눔, 대학 내 혹은 대학 간 토론의 기본 전제가 된다. 이러한 순환이 자연스럽게 이루어지지 않을 때 흔히 일어날 수 있는 것이 판단과 감정의 고착화(굳어버림), 화, 그리고 절망이다. 어떤 상황이나 주위의 반응이 오더라도 관계없이 자기의 판단을 고수한다. 우리 사회에도 이런 분들이 연령에 관계없이 많습니다. 늘 화가 나있는 분들도 비슷하다. 자기가 바랐던 방향으로 되지 않았을 때, 자기 자신을 돌아보는 대신 그 반응을 하는 사람 혹은 이 사회에 화를 내고, 그래도 자기의 희망대로 되지 않으면 더 이상 기대하지 않으면서 절망한다. 절망과 우울은 이런 면에서 통하는 감정이다. 이와 다른 경우도 이러한 감정, 판단, 생각의 순환이 자연스럽고도 중용의 가치를 이루어지는 사람이 있으면 자연스럽게 그 사회는 건강하고도 행복해 질 수 있는 조건을 가진다. 이렇게 함으로써 강한 사람이 되고, 강한 사회를 형성시킨다. 이러한 교육 분위기 속에서 이루어지는 대학교육은 말할 나위 없이 강한 대학을 만든다. 어떤 어려운 문제와 상황이 닥쳐도 학생, 교수를 포함한 대학의 구성원들은 두려워하지 않는다. 왜냐하면 이와 유사한 상황을 이미 경험했었고 예전의 문제를 해결했었던 감정, 판단, 생각들이 이번에도 큰 어려움 없이 해결할 수 있을 것이란 믿음을 가지고 있기 때문이다. 생각의 유연함이 이만큼 중요한 것이다. 두려움을 가지지 않는 것은 우리에게 용기가 있기 때문만이 아니다. 두려움은 때로는 우리에게 큰 선물이기도 하다. 두려움이 없는 만큼 무모하고 위험한 것은 없을 듯하다. 두렵지만 극복할 수 있다는, 혹은 내면에서 두려움이라는 감정이 생기는 이유와 상황에 좀 더 집중하는 것이다. 그리고 그 두려움이 주는 정보, 예감을 우리가 가지고 있는 유사

경험과 합쳐 상황을 해결하는 힘으로 변환하는 것이다. 대학의 지식도 그 경험 속에 포함된다는 것은 말할 나위가 없다. 수학, 물리학, 화학적 지식은 곧 우리 속에서 경험으로 작용하고 있다. 수학, 물리학, 화학 자체가 우리에게 힘을 준다고 믿어서는 안 된다. 그 학문들과 함께 생긴 필자의 경험만이 나를 강하게 만들고 현재와 이어져 있는 미래의 상황에 대비하는 능력이 된다. 모든 지식을 알 수 없으며 모르는 것이 당연하기도 하다. 모르는 것을 아는 척하는 것이 문제이다. 상황에 따라 행해진 자신의 판단과 행동이 그 상황 이후에 잘못된 것이었다고 느끼면, 그것을 인정하고 부끄러워하는 것이 '용기'이다. 그리고 그것은 자신의 미래에 대한 경험과 이미지가 된다. 또한 경험에서 파생된 무수한 개념적 지식을 주기도 한다. 이렇게 반복된 경험 속에서 생기는 지식, 즉 앎(knowing)이 지극해지면 지혜가 되는 것이다. 지식과 지혜가 결국 연결되는 순간이 오는 것이다. 지혜는 형이상학적이라는 선입관을 가져서는 안 된다. 순수과학, 공학에도 분명 지혜가 있다. 지식들이 우리들 속에서 지혜로 변화하는 것이다.

언어의 장에서 이미 대학에서의 영어강의 수업에 대해 얘기한 바 있다. 네덜란드 대학의 영어강의 성공과 드러난 문제점도 언급하였다. 국내 대학에서의 상황은 네덜란드와는 다른데, 이는 한글과 영어의 상이성 때문에 발생하기도 한다. 이로 인해 효과적인 수업이 이루어지지 않기도 하지만, 한편으로 한글을 이용한 토론과 한글에 연결된 학문적 정체성이 네덜란드 대학에 비해 지켜지기도 한다. 하지만 대학에서의 영어강의가 지속된다면 영어를 이용한 소통 차원을 넘어서는, 네덜란드 대학과는 다른 차원의 문제가 발생할 수 있다. 필자가 우려하는 것은 언어적 소통이 아니라 수업 자체에 대한 관심도의 저하가 첫 번째이다. 학부보다는 대학원 과정에서 심각하게 나타나고 있는 수업에 대한 참여도, 열정의 저하이다. 대학이 가져야 하는 문화 혹은 정체성 등을 고려할 때 이것은 심각한 문제임에 틀림없다. 이러한 수업 분위기와 강의 문화가 지속된다면 연구의 기본적 에너지와 힘을 주어야 할 수업은 더 이상 본래의 기능을 회복할 기회를 영원히 놓쳐버릴 수 있다. 한 번 잃어버린 수업문화를 회복하는 것이 잃어버리는 과정보다 훨씬 어렵다는 것은 상상하기 어렵지 않다. 이것은 물건이 아니고 분리되어 있는 현상이 아니라 사람들 간의 일이기 때문이다. 영어강의가 직접적인 이유이기도 하지만 간접적인 영향을 주는 면도 우리가 간과해서는 안 된다. 교수, 학생 모두 수업의 전문지식을 완벽하게 이해하고 진행하기 힘들 때 영어강의의 핑계를 댈 수 있다. 한글 강의였다면 가능했는데 영어 강의이기 때문에 가능하지 않다는 쉬운 핑계를 암암리에 혹은 우리 자신들도 모르는 사이에 이용하고 있다는 것이다. 교육자적 소양, 능력이 모자라지만 영어소통이 우수한 교수가 더 인정받는 것도 비슷한 부작용이다. 영어강의 어려움에 대해 생각할 수 있는 두 번째는 학문영역에서 끊임없이 쌓아가야 하는 언어적 메타포(은유)의 문제이다. 앞에서 언급한 바와 같이 교육은 끊임없이 반복되고 순환되는 경험의 축적이다. 경험은 감정으로도 이루어지지만 언어를 통해서도 일어난다. 우리는 상황에 대해서도 반응하지만 언어가 주는 영향도 그 어떤 것보다 클 수 있다. 이 책의 주제인 기후변화라는 단어가 주는 무수한 메타포를 우리는 알고 있다. 우리가 살아가는 사회는 한글 문화권인데 그 사회에서 발생하는 문제를 해결한 학문적 지식기반은 영어라면 그 간극을 교육자, 학생 그리고 일반인으로서의 우리는 어떻게 극복할 것이냐는 것이다. 이는 결코 쉬운 문제가 아니다. 지금까지의 대학문화 속에서는 영어에 대한 맹목적 신뢰가 있었다면 앞으로는 이것이 예전처럼 작동하지 않을 때의 어려움을 대학 교육은 더 이상 외면하지 말고 해결하기 위해 노력해야 한다.

다음은 대학교육과 연구 결과가 어떻게 사회에 영향을 미치는지에 대한 문제이다. 대학에서의 연구는 책 저술, 논문 출간을 통해 사회 속으로 들어간다. 국내에서 뿐만 아니라 세계 속에서 대학이 역할과 기여를 하기 위해서는 영어라는 언어가 꼭 필요하다. 그러나 훌륭한 연구를 하고도 영어발표가 어려워 좌절하는 학생이나 교수가 많을 것이며, 언어의 미묘한 차이로 인하여 자신의 생각과 주장을 정확하게 논문을 통해 전달하지 못하는 경우도 많다. 이렇듯 영어의 중요성 강조가 다른 측면의 대학 사회의 문제점을 잉태하고 있다. 사회가 가진 문화와 대학 문화를 이어주는 언어의 부재, 대학의 기여를 가로막는 언어는 국내 대학이 안고 있는 문제로 부상했다. 즉, 대학이 가진 기능으로서의 사회적 기여의 어려움은 대학 내부의 영어강의로 인한 지식전달 문제와 함께 서서히 하지만 뚜렷하게 대학의 특징으로 자리 잡고 있다. 하지만 이런 문제를 간과한 채 국제화, 세계화를 위한 영어강의, 영어논문의 표면적 현상, 성과를 강조한다면 쌓여만 가는 부작용과 그 결과들은 어떤 모습으로 우리에게 돌아올지 두렵기만 하다. 약 15년 전에는 한국 대학에서의 영어강의는 일부 대학 일부 과목에 대해서만, 특히 이공계중심 대학, 대학원 중심대학에서만 이루어졌다. 지금은 대학에서 영어강의를 하는 것은 더 이상 특이하거나 도전적인 시도가 아니다. 지금은 영어강의를 전혀 하지 않는다고 용감하게 말하는 대학이 나온다면 그 대학이 오히려 특이하게 보일 정도이다. 그런 용기를 가진 대학이 지금쯤 나와 주었으면 좋겠다. 대신 영어 과목을 대폭 늘리는 것이다. 영어 전공서적 읽기, 발표하기, 토론하기 등의 과목을 개설하여 영어로 전공수업을 하는 것으로는 이루기 힘든 영어실력을 키우는 것이다. 이렇게 해서 그 대학교의 학생들이 영어강의를 하는 다른 대학교 학생들보다 해외 학회에서 영어로 발표하는 능력과 영어논문을 작성하는 능력이 우수하다는 것을 보여주는 것이다. 여기서 한 가지 전제가 있다. 영어 과목 강의를 영문과와 관련 학과에서 담당하는 것이 아니라 각 학과에서 담당하는 것이다. 이것은 매우 중요하다. 대학의 교양 영어강의는 영문과에서 당연히 담당하되 전공을 위한 영어 과목은 각 학과에서 개설되어야 한다는 것이다. 전공에서 사용되는 언어, 표현 그리고 논문작성에 대한 여러 지식들을 정리하고 매년 이를 업데이트해야 하기 때문이다.

다음은 대학, 대학교수, 그리고 대학원생을 평가하는 논문에 대해 얘기해보고자 한다. 대학에서의 연구결과가 사회에 기여하는 역할을 하는 논문출간에 대한 평가시스템에서 시급하게 변화되어야 하는 것이 있는데, 그 중 하나가 논문영향지수(impact factor (IF))의 폐지이다. IF라는 숫자, 통계가 지니고 있는 효과가 분명 있다. 우리는 숫자가 가진 힘을 IF뿐만 아니라 여러 분야에서 쉽게 경험한다. 하지만 지금은 IF가 만들어내는 온갖 문제들, 환상들은 지나치다 못해 대학문화 자체를 뒤흔들고 있기 때문이다. 대학에서 연구하고 나온 결과가 논문으로서 우리 사회에 어떻게 기여하는지를 평가하는 새로운 방법을 가까운 시기에 찾아내지 못한다면 대학교육 자체의 근간이 흔들려 기반을 잃을지도 모를 일이다. 이를 쉽게 생각하여 특허나 산업체 기술이전 등으로 평가기준을 바꾸려는 안이한 생각을 하고 있지만 간단하게 해결될 수 있는 문제로 보아서는 안 된다. 문제가 발생하면 양극단을 적당히 합친 해결책을 제시하는 것으로는 근본적으로 해결할 수 없다. 지금 IF는 대학사회의 채용, 승진, 연봉 평가, 학위수여 기준, 장학금 지급 등 거의 모든 제도에 크고 작은 영향을 미치고 있다. 대학 외부적으로는 각종 연구프로젝트, 국가장학제도, 대형국책사업 등의 선정에 있어 절대적인 영향을 주고 있다. IF를 기준으로 하는 상위 5%, 10%, 20%에 해당하는 논문의 출간은 지금 한국 과학기술 전체의 가치를 좌우하는 지표가 되었다. 이는 자연스럽게 대학원생, 학부생들에게 영향을 미치고 있어 연구의 방향, 연구가치 판단뿐만 아니라 수강과목, 수업내용, 수업 분위기에도 직간접적인 영향을 주고 있다. IF를 이용한 평가의 긍정적인 측면이 분명 있지만 지금과 같은 절대적인 기준으로의 활용은 이미 도가 넘어 더 이상 질적인 평가자체가 불가능하게 만들고 있다. 논문의 숫자를 양적인 평가도, IF를 연구논문의 질적인 평가로 간주하는 이 국적 없는 개념은 도대체 어디서 기인되었는지 의심스럽다. 우리는 이미 칸트의 12가지 개념적 지식으로서의 질(quality)을 얘기한 바 있다. IF가 만들어지는 순간 질적 개념을 잠시나마 가질 수 있지만 이제 더 이상 질적 개념이 아니라 엄연한 양(quantity)적인 지표가 되었음은 말할 나위가 없다. 대안 없는 비판은 바람직하지 않지만 영어강의와는 분명 다른 문제이다. IF는 대안을 생각하기 전에 지금 이 고리를 끊지 않으면 안 되는 절박함이 있다. 그래서 대안을 고민하기 이전에 IF를 이용한 평가는 지금 당장 중단되어야 한다.

우리 대학이 가진 환상 중에 노벨상이 있다. '위장된 학교(인물과 사상사, 2004)'에서 김덕영 교수는 한국 사회와 대학이 가지고 있는 노벨상에 대해 비판을 한다. 한국 대학에서 노벨상 수상자를 모셔 대학 내 연구센터를 만드는 경쟁은 치열하다. 노벨상 수상자를 유치하지 못할 때는 외국의 유명한 학자를 초빙해온다. 이때 국가에서 엄청난 투자와 연구비가 지원된다. 백보 양보하여 노벨상을 수상하는 것이 한국 과학계의 지상목표라고 인정해보자. 한국 과학계에서 노벨상을 수상하기 위해서 필요한 노력은 무엇일까? 노벨상을 수상한 과학자를 초청해서 배우고 그의 비법을 안다고 우리가 노벨상에 근접할 수 있다고 생각하면 순진한 접근 방식이다. 필자의 생각은 조금 다르다. 우리가 노벨상을 받기 위해서는 노벨상을 수상한 과학자들이 처음 연구를 시작할 때의 간절함을 배워야 한다는 것이다. 노벨상을 받게 해 준 해당 연구를 시작한 그 때의 지적 호기심, 열정, 문제 해결을 원하는 노력이 노벨상으로 연결되는 것이지 그들이 이룬 업적을 배운다고 노벨상으로 가는 것이 아니라는 것이다. 노벨상 수상자를 초빙해 연구센터를 만드는 것은 노벨상 수상 과학연구 결과를 통해 국내에서 그와 비슷한 과학적 성과를 이루기 위함이지, 국내 학생들, 젊은 과학자들에게 노벨상으로 가는 길을 안내해 주는 것은 아니다. 이를 혼돈해서는 안 된다. 이와 비슷한 주장을 한 인문학자가 있다. 'Science in Action(Harvard, 1984)'를 지은 Bruno Latour이다. 그는 노벨상을 수상한 것과 같은 과학적 업적을 '블랙박스 지식'이라고 하였다. 과학을 하는 사람은 블랙박스 지식을 많이 조사하고 공부해야 한다. 하지만 과학진보를 이루기 위해서는 블랙박스 지식을 이용하는 것에서 그쳐서는 안 된다. 이 블랙박스 지식을 부숴야 한다고 라투르는 주장한다. 지식을 파괴하는 것은 다름이 아니라, 블랙박스 지식을 만들어내기 위한 긴 여정의 출발점으로 가려고 하는 노력이다. 노벨상을 수상한 과학자가 해당 연구를 시작했던 시점으로 가는 것과 동일하다. 출발점에서의 간절함이 노벨상과 같은 큰 업적을 이루게 한 것이다. 지식의 위대성이 우리에게 동기를 부여하는 것이 아니라, 지식을 만들기 위한 출발선에서의 간절함이 우리에게 힘과 지혜를 준다.

연구가 효과적이고도 사회에 제대로 기여할 수 있는 결과를 만들어 내려면 연구자의 역할만으로는 부족하다. 연구자를 지원하는 실험실 밖에서의 후원이 필요하다. 이를 아웃사이더(outsider)라고 한다. 연구실(laboratory)에서 직접 실험하는 연구자를 인사이더(insider)라고 한다. 과학계가 현재 가지고 있는 여러 난제들과 기존의 블랙박스 지식으로부터 파생되어 나온 가설들이 합쳐져서 연구의 출발점을 만든다. 직접 연구자, 즉 인사이더는 실험실(랩)에서 연구대상과 현상을 관찰하고, 분석함으로써 원리와 법칙을 찾고 개념화작업을 통해 새로운 지식을 만든다. 실험실 연구를 위해서는 투자가 필요한데 이를 연구비라고 한다. 연구비를 이용하여 실험실에서 연구하는 연구원을 지원하고, 실험에 필요한 재료와 기기들을 마련하고 운영한다. 실험실로부터 생산된 연구결과는 연구자와 전문가들이 평가하고 함께 토론함으로써 해당 프로젝트가 지속될지 혹은 중단될지 결정한다. 지속되는 경우라 해도 지금의 연구비 수준이 유지 혹은 축소될 수도 있고, 확대된 연구를 위하여 연구비가 증액되기도 한다. 연구비가 증액되기 위해서는 연구결과가 혁신적이어서 연구가 계속될 경우, 보다 획기적인 결과를 기대할 수 있다는 평가를 받을 때 가능하다. 연구비가 증액되는 경우에는 현재 연구하는 범위가 확대되고, 연구원이 충원되며, 연구를 위한 재료와 시설 등이 확충되기도 한다. 즉, 연구규모가 커진다. 이러한 과정으로 연구프로젝트가 진행이 되는데, 이 과정에서 인사이더와 아웃사이더를 연결하는 역할이 또한 필요하며, 이를 담당하는 연구자를 중간자(mediator)라고 한다. 연구 규모가 클수록 중간자의 역할도 커진다. 연구소에서는 책임연구원, 대학에서는 교수들이 대개의 경우 이 역할을 담당한다. 교수나 책임연구원들은 실험실에서 직접 실험하기도 하지만, 이 보다는 학생(주로 대학원생), 연구원들이 실험실에서 효과적으로 연구할 수 있는 기반을 마련하고 연구방향과 진행상황을 체크하면서 연구비가 원활하게 후원될 수 있도록 노력한다. 이렇듯 연구가 진행되는 데는 상호 보완적인 여러 조직이 각자의 역할을 수행한다. 어떤 역할이 중요하고 덜 중요한 것은 아니다. 연구결과가 나왔을 때에도 인사이더(실험실 연구자), 중간자(연구관리자), 아웃사이더(연구후원자) 모두가 연구결과의 소유권을 주장할 수 있다. 교수, 책임연구원이 모든 연구결과를 가져가는 경우가 있지만 이는 지위를 이용해 결과를 독점하는 경우이다. 반대로, 실험실 연구자가 직접 실험하였다는 점과 중간자인 연구관리자는 실제로 참여하지 않았다고 평가하면서 연구결과에 대한 독점을 주장한다면 이것도 문제이다. 어떤 역할이 더 중요하다는 것을 판단하는 것보다 연구가 지속적으로 수행되는 순환구조가 중요하기 때문이다. 또한 실험자와 중간자는 연구비를 지원한 아웃사이더를 반드시 밝히고 감사의 글을 연구결과에 남겨야 한다. 순환구조의 한 부분이라도 어긋나면 온전한 연구프로젝트의 수행이 불가능해진다. 연구 순환고리에 참여하는 모든 사람은 이 순환고리가 확대되어 사회에 보다 큰 기여를 할 수 있도록 협력해야 한다.

공학은 우리 사회의 동력 역할을 한다. 이런 의미에서 공학교육을 토의해보았으면 한다. 자연과학을 연구하는 과학자뿐만 아니라 의사도 분석기기와 같은 공학적 도구를 이용한다. 사회적 이슈가 되는 여러 사업들도 공학을 이해하지 않고는 어렵다. 도로, 항만, 공항, 댐, 원자력발전소 등과 같은 대규모 토목공사, 도시계획, 초고층 건물의 안전, 싱크홀의 문제 등이 모두 공학 사업이다. 이런 의미에서 공학을 전문으로 하지 않는 일반인들도 공학에 대해 생각해 볼 기회를 가졌으면 한다. 공학은 자연과학과 방법론, 대상과 목적, 추구하는 근본적 가치 등이 다르다는 얘기를 언급하고 토론하였다. 즉, 인간이라는 변수, 사람이라는 가치를 중요시하며, 자연의 원리뿐만 아니라 자연대상을 우리라는 주체와 분리하지 않음(괴테, 동양 유학사상 등)도 언급하였다. 물론 이런 필자의 생각과는 다른 생각을 가진 사람들도 있을 것 같다. 그것 또한 공학이라는 것을 우리는 이미 알고 있다. 자연과학의 전통적 정의와 확고한 지식에 기반하더라도 인간 도덕률과 무관하지 않았으면 하는 바람도 가져 보았다. 공학 목표의 실현은 다름 아닌 사업, 프로젝트 등을 통해 이루어질 수 있다고 공자, 맹자 등은 강조하였다. 공학을 공부하고픈 학생, 공학도, 기술자로서의 뜻을 세우고 이 뜻을 이루기위해 철저하고도 명쾌한 자연과학의 원리를 알아야 하며, 이러한 원리가 도덕률을 가진 사람들의 마음, 가치, 행복의 순리와 다르지 않음을 이해할 때 공학인으로서의 뜻이 비로소 선다고 할 수 있다. 이런 면에서 자연과학자도, 인문학자도, 사회학자도 모두 공학인이다. 말 그대로 공학은 이 사회를 움직이는 '엔진'이기 때문이다. 이때의 움직임은 물리적일 뿐만 아니라 화학적(즉, 소통), 심리학적, 가치적 움직임을 포함한다. 즉, 공학은 학문적 특성상 사회학과도 닿아 있다. 그럼 공학교육의 목표는 너무나 명백해진다. 공학교육의 목적은 공학인이 이 세상 속에서 나름의 가치를 실현할 수 있도록 도와주는 것이다.

질문

한국 대학의 영어수업에 대한 찬반의견을 내고, 그 이유를 교육 목표, 가치와 연계하여 토론하시오

19. 기후변화 시대의 지식인

이번 장에서는 지식인과 전문가를 비교하면서 토의해보도록 하겠다. 이를 통해 전문가로서의, 혹은 지식인으로서의 역할도 살펴보았으면 한다. 현대를 살아가는 우리가 가지고 있는 특징들을 책의 서론과 초반부에서 다룬 바 있다. 철저한 개인화를 특징으로 하는 액체근대가 그것이다. 사회학자 게오르그 짐멜과 지그문트 바우만 등이 주장하였다. 개인화의 특징으로 소비에 의한 정체성을 말하였다. 소비문화는 기업을 배경으로 할 수밖에 없다. 액체근체 속 개인의 소비는 거대한 기업을 탄생시키고 거대해진 기업은 필연적으로 국제화, 글로벌을 지향하게 된다. 국가 속에서 보호받는 기업은 더 이상 글로벌 시대에서 생존하기 힘들다. 거대 기업은 국가의 영역을 벗어나 영향권 밖에 존재하며 국가를 직간접적으로 압박하게 되었다. 글로벌 시대의 기업은 이렇듯 한 국가의 정치에 영향을 미치고, 국가 간 여러 외교, 경제협약 등에도 영향력을 발휘하게 되었다. 이제 개인은 이러한 거대기업, 기업과 연결된 국가, 국가 간 협약기구들 속에서 더 이상 정체성을 가진 개인으로 존재하기 어렵다. 거의 불가능해 보인다. 거대해진 기업은 국가가 가지고 있던 공공사업을 민영화하도록 압력을 가한다. 즉, 현대사회는 개인화, 글로벌 국제화, 민영화로 설명가능하게 되었다. 거대해진 기업은 경쟁력 확보와 유지를 위해서 많은 전문가를 필요로 한다. 기업은 어떤 대가를 치르더라도 전문가를 확보하려는 노력을 한다. 즉, 치열한 기업들 간의 경쟁에서 승리하기 위해서 기업은 유능한 전문가를 필요로 한다. 대학도 예외가 아니다. 국내 대학들도 기업경영방식을 도입하여 연구 프로젝트, 국가 지원사업 등을 유치하기 위해 사활을 건 경쟁을 하고 있다. 대학의 구성원, 특히 교수들은 대학이라는 거대 기업의 전문가로서 소속되어 있는 조직을 위해 최선을 다한다. 기업, 대학의 소속 전문가들은 치열한 경쟁사회에서 각자의 소속 조직을 위해 열심히 일하는 대신 안정된 신분과 높은 임금을 보장받는다. 국가도 이와 다르지 않다. 국가의 여러 정책들을 지원하기 위한 일련의 전문가들이 필요하고, 이 전문가들에게 국가 연구비와 위원회 등의 신분을 주어 그 지위와 보상을 보장해준다. 대신 국가로부터 지원을 받는 전문가들은 국가를 위해 최선을 다해 일하고 때로는 국가의 정책이 비판받을 때 이를 지키기 위해 일하기도 한다. 여러분도 유능한 전문가가 되면 기업, 대학, 국가를 위해 일할 기회를 얻고 보상을 받으며 안정된 신분을 유지할 수 있다. 또 이런 전문가를 부정적으로 볼 생각은 없으며 필요한 역할이라는 것에 이의가 없다. 다만 바우만이 정의한 액체근대 속에서의 전문가의 역할을 정리하다 보면 한 가지 석연찮은 점이 있다. 즉, 전문가들이 속한 사회를 위해 할 수 있는, 지식인으로서의 역할이다(지식인의 표상, 에드워드 사이드지음, 2012, 마티). 지식인은 사회현상과 문제에 대해 자유롭게 의견을 내고 비판을 할 수 있어야 하지만, 기업의 이익을 위해 임무를 다해야 하는 전문가

일 경우에는 이것이 쉽지 않을 것이라는 것을 이해할 수 있다.

여러분이 만약 공동체, 도시 혹은 국가를 경영한다고 하면 지식인과 함께 하는 지도자가 될 수 있고, 전문가와 함께 하는 지도자가 될 수도 있다. 지금 시대에서의 역할을 생각해보면, 전문가에게 필요한 것은 전문적인 지식이고, 지식인에게 필요한 것은 용기라는 생각이 든다. 특정 전공에 관계없이 일반인을 포함한 모든 사람은 의지에 따라서는 얼마든지 지식인이 될 수 있다. 이렇게 얘기하면 전문가에 대한 부정적인 느낌을 받을 수도 있지만, 앞 절에서 논의한대로 전문가는 이 사회에서 반드시 필요한 존재이다. 다만 전문가에서 그치지 않고 지식인이 될 수 있는 용기를 얘기하고 싶은 것이다. 지식(knowledge)은 칸트의 철학에서 다루었듯이 개념화된 것이다. 지식은 때로는 실체로, 때로는 존재로 사회의 여러 현상, 문제들을 비판할 수 있어야 하고, 관계의 개념, 공동체 개념, 필연 등의 개념으로 우리가 속한 사회를 바라보고 비판할 수 있어야 한다. 이런 의미에서의 지식인이며 전문가를 넘어선 지식인의 역할이고 책임이다.

전문가를 지향하고 공부하고 있는 학생들은 어떻게 해야 할까? 이런 면에서 우리는 이 책을 통해 기후변화라는 사회적, 국제적 이슈를 가지고 고민하고 관련된 교양지식(liberal art)을 쌓기 위해 노력했다. 미국의 예일대학 학부의 경우, 전공학과가 정해지기는 하지만 거의 모든 학점이 교양과목에 배정된다. 대학의 임무는 전문화된 지식보다는 보편적인 교양 관련 지식의 전파에 있다고 믿는 듯하다. 국내 대학에도 이와 비슷한 기숙사 중심(residence college (RC)) 교육을 실시하고 있는데 국내 대학과 다른 점은 예일대학의 경우, 학부 전체 기간 동안 RC에서 생활한다는 것이다. 즉, 전공학과의 심화된 전공과목의 공부보다는 교양과목을 통한 사회에서의 지식인으로서의 역할을 배우고, 이를 RC 공동체에서 응용, 실천하는 것을 대학 기간 경험하게 된다. 졸업한 이후에도 어떤 학과를 졸업한 것보다 오히려 어떤 RC출신임을 강조한다고 한다. 아무리 전문화되고 세부된 전공과목을 강의하고, 이론을 실습할 수 있는 실험과목을 교육시켜 졸업생을 기업에 진출시켜도 기업은 늘 대학교에서 무엇을 배우는지 모르겠다고 불만을 토로한다. 기업에서 신입사원을 대상으로 다시 가르쳐야 한다고 한다. 전문화된 사회에서는 이러한 간극은 피할 수 없다. 최첨단 기술이라고 강의해도 수년 뒤에는 이미 지난 유행이 된다. 그때마다 교수를 교체해서 첨단의 새로운 수업을 개설할 수도 없고, 설사 그렇게 하더라도 결과는 크게 달라지지 않을 것이다. 대학은 사회에서 요구하는 인재를 공장에서 물건 만들 듯 양성하는 곳이 아니라 우리 사회, 국가, 기업, 그리고 세상의 커뮤니티가 가야할 방향을 고민하는 곳이다. 대학을 졸업하면 그런 고민을 할 줄 아는 지식인이 되는 것이다.

이상적인 대학교육이 이루어진다 하더라도 현대 사회가 말처럼 쉽게 이를 받아들일 것이라 기대해서는 안 된다. 교양과목과 전공과목에서 배운 어느 정도의 전문지식으로 무장하고 사회에 첫발을 내딛는 순간, 글로벌 기업이 주도하는 세계가 기다리고 있다. 개인화된 사회 속 삶의 패턴으로 살아가게 되고, 조직에 속한 전문가의 역할을 성실하게 수행하는 자신의 모습을 발견하게 된다. 그렇다고 어렵게 취업한 기업을 박차고 나올 수도 없고, 국가를 위해 일하는 공무원으로서 자신이 지향하는 이상을 마음껏 펼칠 수 있는 것도 아니다. 만약 대학에서 연구하는 기회를 가진다 하더라도 종신교수(tenure)가 되기 위해 국가연구비, 기업연구비를 얻기 위해 실력있는 전문가가 되어야 한다. 종신교수가 된 이후에도 상황이 크게 바뀌지 않는다. 그럼 희망이 없는 것일까? 희망이 없다고 포기하고 혹은 인정하고, 치열한 경쟁에서 살아남아 사랑스러운 가족을 지키기 위해 열심히 일하면 되지 않느냐고 생각할 수 있다. 우리 대부분은 지금 그렇게 하고 있으니까 말이다. 기업, 대학, 안정된 직장을 박차고 나와 자영업을 시작하든지, NGO와 같은 곳, 사회적 기업을 만들어 일을 하더라도 우리가 바라는 세상이 바로 기다리고 있는 것은 아니다. 자영업을 해도, NGO와 같은 단체에서 일해도, 사회적 기업을 창업하여 운영해도 여전히 국가, 대기업 등과 무관하게 자기의 뜻을 펼칠 수 있는 사회가 아니다. 그럼 어떻게 해야 할까? 액체근대를 극복하고 글로벌 시대의 대형화된 기업, 기업식 문화, 소비지향적 가치 속에서 어떻게 지식인으로서 살아갈 수 있을까? 현재를 살아가는 많은 지식인들은 다음과 같이 우리에게 조언할 수 있을 것이다. 사회에 대한 비판의식을 가지고 깨어 있어야 하며, 꾸준하게 목표와 꿈을 갖고 어려움이 있더라도 포기하지 않아야 한다고 할 수 있다. 우리는 이들 지식인의 말에 귀 기울일 수밖에 없다. 또 그렇게 해야 한다. 하지만 이것만으로는 부족하다. 우리는 자신이 생각하는 대안을 만들어내야 한다. 이 시대를 극복할 수 있는 길이 영웅적 지식인으로부터 나온다는 환상을 우리는 버려야 한다. 그것은 우리 모두에게서 나올 때만이 엄청난 힘이 된다. 액체근대로 특징지어지는 현대사회는 개인화되어 있다. 그러면, 그 개인화 현상에 저항하는 길은 우리 개인 개인이 그 개인화가 정말 무엇인지를 분석하고 이해하고 극복해야 하는 것이다. 자신이 선택했다고 믿는 소비만이 자신의 정체성을 확보하는 개인화의 시대에서 우리의 모습을 냉정하게 바라보는 것으로부터 출발할 수 있다. 우리 자신이 어떤 사회를 살고 있는지 체험하는 길은 어렵지만 아예 없는 것은 아니다. 이런 예들이 있을 수 있다. 2015년 봄 나의 하루 삶을 지배하고 있는 스마트폰을 없애고 여름이 될 때까지, 혹은 한 달간만이라도 핸드폰, 스마트폰이 없는 생활을 해보는 것이다. 2 km 이하의 길은 반드시 걷는 생활습관으로 바꿔볼 수도 있을 것이다. 지금까지 보던 신문, 잡지와 정반대의 성향을 가진 것들을 한 달만이라도 읽어보는 것이다. 평소에는 절대 보지 않는 독립영화만 당분간 볼 수도 있다. TV를 보지 않는 것 혹은 평소에 가장 싫어하는 주인공, MC가 나오는 드라마나 예능프로를 보기, 태어나서 한 번도 가보지 않은 한국 내 도시 가보기, 사람들이 왜 저런 책을 읽는지 이해하기 힘들었던 책을 골라 읽기 등의 행동으로부터 시작하는 것이다. 이렇게 하는 이유는 우리가 판단하고 결정하고 행동하는 패턴을 우리 사회, 기업, 국가 등이 짐작하고 예측하지 못하게 하는 것이다. 예측할 수 있을 때, 굳어버린 정책이 생기고 규제가 생기게 된다. 기업의 신상품도 사람들이 좋아해서 사용할 것으로 예측되는 방향으로 나온다. 소수의 개인이 저항하고 불편과 피해를 호소해도 사회가 꿈쩍하지 않는 것은, 소수의 개인이 반대한다 하더라도 다수 개인의 행동과 판단은 여전히 예측가능하기 때문이다. 패턴을 없애는 시도, 개인차원에서의 반란, 즉 'Twist to Myself'를 하는 것이다. 내 자신에게 반전(twist)을 주는 것이다. 한 개인은 여럿이 되고, 그 여럿은 집단과 전체가 되는 것, 이것이 칸트의 unity, totality, possibility 개념이다. 개인과 사회의 생각 흐름이 쉽게 예측되지 않을 때, 기업과 국가는 함부로 무언가를 할 수 없고 신중하게 개개인을 살필 것이기 때문이다. 개인이 모여 시위를 해도 기업과 국가는 더 이상 긴장하지 않는다. 왜냐하면 집회 이후에 개인들은 어떻게 해산하고 어떻게 일상으로 돌아갈지 이미 예상하고 있기 때문이다. 여러분, 혹시

Twist to Myself에 동의한다면 남자친구, 여자친구와 상의하여 스마트폰 혹은 핸드폰을 한 달간만 함께 서비스 중단하고 새로운 방법으로 데이트를 해보는 것은 어떨까? 이렇게 함으로써 우리가 경험할 수 있는 중요한 것은 내 자신이 거대한 사회 속에서 어떤 존재인지를 직접 경험하는 것이고, 나 하나라는 존재가 내 주위의 사람들과 어떻게 소통해왔고, 하고 있고, 할 수 있는지를 느끼는 것이다. 여기서 이렇게 느끼는 것에서 끝나서는 안 된다. 우리가 대기업, 중소기업, 사회적 기업, 비영리단체, 대학, 정부에서 일하더라도, 농부의 일, 자영업을 하더라도 현재에 충실하되, 자신의 세상(the World ; 고흐의 구두에 느껴지는 그 세상)을 마음에 품고 이를 주위사람 그리고 세상 모든 곳에 끊임없이 표현해 주었으면 한다. 그 '세상(the World)'은 간디가 가졌었던 세상일 수도 있고, 스티브 잡스가 지녔던 세상일 수도 있다. 쉽게 그 세상이라는 것을 가질 수 있는 것이 아니라, 이 책을 통해 내내 얘기한 대로 자신과 자연의 사물을 관찰하고 지극하게 알아갈 때 생기는 진리와 진실이며, '아이디어(idea)'이다. 오직 관찰로 시작하고 직관적 이성에 기초한 아이디어만이 이 세상을 바꿀 수 있기 때문이다.

20. 기후변화 시대의 사회

지금까지 개인 차원에서의 존재와 가치를 주로 논의하였고, 사람들 간의 관계도 개인을 이해하기 위한 것이었다. 근대사회의 특징도 개인 차원에서 보았다. 개인이 모여 만들어지는 것이 사회이기 때문에 개인의 확대로 볼 수도 있지만 개인의 모임 이상으로서의 사회에 대해 논의해보았으면 한다. 혼자서는 살 수 없다는 말은 다른 사람의 도움 없이는 생존할 수 없다는 의미도 있지만, 다른 사람들, 즉 사회에 무언인가를 기여하고자 하는 욕망을 표현하기도 한다. 한국과 같은 유교 문화권 동양 사회와 봉건중세를 거친 서양 사회는 역사적으로 뚜렷한 차이가 있다. 강력한 중앙집권적인 왕의 존재를 가지게 되는 시기를 두 문화가 다르게 가진다. 우리의 역사에서는 조선시대 이후 지방 귀족들의 사병은 왕이 권한을 가지는 중앙군대에 편입된다. 즉, 모든 무인과 병사는 왕의 지휘를 받는 군대라는 이름의 조직체계를 가진다. 하지만 대부분의 서양 국가는 18세기가 될 때까지도 지방 귀족세력에 대해 왕이 강력한 지배력을 갖지 못한다. 이러한 지방 귀족세력은 자체 군사력을 거느리고 하나의 국가와 같은 체계를 갖추었다. 힘이 없으면 인접한 다른 세력에 침략 당하고 토지, 재산을 빼앗길 수도 있었다. 전쟁을 통해 언제든지 삶이 바뀔 수 있기 때문에 지배하고 있는 하층민에게 강력한 지도력과 군사력을 보여 주어야 했다. 즉, 힘을 보여주지 않으면 통제하기 힘든 사회였다. 전쟁하고 사냥이 일상화되어 있었던 증거로, 식사의 도구인 칼, 포크 등을 들 수 있다. 전쟁과 사냥의 도구가 자연스럽게 식사하는데 쓰였을 만큼 힘이 지배하는 사회였다. 처음에는 실제 전쟁에서 사용하던 큰 칼과 포크로 식사를 했고, 후에 시대가 바뀌고 식사예절이 필요해지면서 지금의 작은 칼과 포크로 변하게 되었다. 서양사회도 서서히 중앙의 강력한 왕이 나타나고 궁중 사회가 형성되는데, 이전 시기와의 가장 큰 차이는 전쟁 등으로 불안정한 사회가 차츰 안정을 찾는다는 것이다. 불안정한 사회에 비해 왕이 중심이 되는 강력한 중앙집권 국가의 지배를 받는 개인(백성)은 제한적이긴 하지만 비로소 재산의 소유, 행동의 자유 등과 같은 개인으로서의 자유를 가지게 되며, 시민층을 형성하게 된다. 이전 불안정한 사회의 개인은 전쟁, 지방 귀족간의 분쟁 등을 겪으면서 언제 죽을지 모르는 불안정한 삶을 살았으므로 행동의 자유 등 개인으로서의 가치를 추구하는 것은 거의 불가능했었다는 것이다. 시민층이 형성되기 시작하면서 개인에 대한 가치가 생기게 된다. 개인으로서의 시민이라는 의미가 사회 속에서 만들어지게 된다. 산업혁명을 거치면서 개인, 시민의 가치는 보다 높아지게 되고 근대사회를 이루는 주역으로 성장하게 된다. 반면, 우리나라의 일반 백성의 역사는 조금 다르다. 오래 전 부터 농경국가였기 때문에 상대적으로 안정된 중앙집권 국가의 지배를 백성들은 오래 전부터 받아왔다. 서양사회에서는 중앙집권화가 되면서 겨우 마련된 여러 가지 사회규범, 예절 등을 우리는 오래 전에 이미

가지고 있었던 것이다. 즉, 오래 전부터 사회규범과 예절이 몸에 배어 있었는데, 이를 다르게 해석하면 역설적이게도 자유로운 생각, 자율적인 행동과 판단을 하는데 어려움이 있을 수도 있었다는 것이다. 서양사회의 시민들은 국가와 사회의 체제변화로 인한 신분변화를 경험함으로써 개인의 존재가 무엇인지 어떤 자유, 권한을 가지고 있는지 생각하고 더 많은 권한과 자유를 가지기 위해 노력했다. 이에 비하면 우리는 안정된 사회가 이미 오래 전에 형성되었기 때문에 일반 백성들은 이미 확고하게 형성되어 있는 사회의 규율, 굴레를 벗어나는 것은 곧 사회를 혼란하게 만드는 악덕으로 보았을 것이다. 한국이 근대화되면서 교육 강국이 될 수 있었던 배경에는, 아직은 전쟁과 사냥 등을 하던 거친 특성을 여전히 가지고 있고 규범과 예절이 몸에 배어있지 않은 서양인들과는 달리, 한국의 시민은 교육을 받아들일 준비가 되어 있었다는 것이다. 하지만 이러한 우리의 시민상은 아이러니하게도 비판 없이 모든 것에 순종하는 면을 가지게 하였고, 이는 일제 강점기를 거치면서 고착화되기도 한다. 시기적으로 차이가 있지만 18세기 유럽 국가들에서는 산업혁명으로 시민층이 역사의 주도세력으로 부상한다. 귀족의 복속된 형태의 백성, 사병으로서의 신분이 왕의 백성으로, 산업혁명과 함께 성장하는 과정을 거치면서 근대사회의 시민계층으로 변한다. 반면, 우리는 불행하게도 우리의 힘으로 근대화를 이루지 못하고 일본에 의해 강제로 이루어진 근대화를 경험한다. 광복 후 전쟁을 겪으면서 우리 사회는 경제성장이라는 생존경쟁 속에서 시민의 역할을 이해해야 했다. 강력한 신분질서와 예절의 사회, 식민지, 전쟁, 경제발전, 민주화운동이라는 이데올로기를 거치면서 가장 교육하기 쉬운 시민이 되었고, 개인의 가치보다는 국가와 사회를 먼저 생각하는 문화 속에서 살아왔다. 즉, 우리는 시민으로서의 가치와 권한을 이해하고 의미를 찾을 충분한 시간을 가지지 못한 것이다. 주입식 대학교육, 계몽적인 여러 국가적 사업과 캠페인 운동이 주어지면 큰 비판 없이 받아들이는 배경에는 아마 이런 역사적 흐름이 있었다.

엄청난 경쟁, 학벌 사회에 기반한 교육과 입시체계를 가지고 있어도 우리의 청소년들은 적응한다. 우리 부모님들은 이런 경쟁에서 살아남기 위해 노력하는 학생들을 후원한다. 김덕영 교수의 위장된 학교에서 호랑이와 사자가 싸우면 누가 이기는 지에 대한 질문이 있다. 필자도 어릴 적부터 자주 들었었던 질문이다. 만약 이와 같은 질문을 아프리카, 유럽 등의 학생들에게 하면 아마 사자는 초원에서 살고 호랑이는 밀림에서 살기 때문에 싸울 일이 없다고 대답할 듯하다. 혹은 사자는 무리를 이루고 호랑이는 홀로 생존하기 때문에 싸움이 일어나기 힘들다고 답변할 것 같기도 한다. 하지만 우리는 어떨까? 필자도 그렇지만 어린 시절 호랑이와 사자가 싸우면 누가 이길지 정말 궁금했다. 싸울 수 없는 환경이고 싸울 필요가 없는데 왜 굳이 호랑이와 사자를 싸움터 사각의 링에 집어넣어야 했는지, 그것이 한국사회이다. 불필요한, 오히려 있어서는 안 되는 경쟁을 우리는 끊임없이 해야 하는 사회를 스스로 만들고 있는지 모른다. 사자와 호랑이를 각각 한 마리씩 동물원의 특설 링으로 끌고 와서 싸움을 붙이면 호랑이든 사자든 이기게 되는 결판이 날 것이다. 그래서 싸움의 결과를 분석하고 결론을 내어 발표하면 그게 동물의 세계를 이해하는데 어떤 도움이 될지 의심이 간다. 엄청난 경쟁사회의 교육을 받고 자란 미래의 과학자, 공학자들이 이런 식으로 연구하고 그 결과를 논문으로 내어 세계 과학계에 발표한다면 다른 문화에서 성장한 다른 나라의 과학자, 공학자들은 이를 어떻게 평가할까? 이미 먹잇감이 있는 경쟁에는 우리가 누구보다 강한 이유를 이해하기 어렵지 않다. 조선 산업, 자동차, 지금의 스마트폰이 그 예이다. 이미 만들어져 있는 목표가 있으면 빨리 정복하는 데에는 우리가 어떤 나라, 누구보다 강하다. 하지만 이런 우리의 전략을 이제 다른 나라에서도 간파했고, 중국이라는 우리와 비슷한 전략을 쓰는 국가가 급부상하고 있다. 중국은 우리보다 양적인, 질적인 면에서 더 강력할 것이다. 이런 상황에서 우리가 지금과 같은 사회 체계를 유지한다면, 아무리 경제성장을 가장 큰 정부정책 가치로 둔다고 하더라도 과연 경제성장을 위한 경쟁력을 유지할지 의심스럽다. 이런 측면에서 판단하건데, 기업위주의 정책을 유지한다 하더라도 교육과 사회 문화가 지금과 같이 유지된다면 위기가 올 수도 있다.

2015년 새해 예능프로그램인 무한도전에서 '토토가'라고 하여 90년대 가수들을 추억 속에서 불러내어 공연을 하는 특집을 방송하였다. 워낙에 인기 있는 프로였기도 하지만 시청률면에서도 많은 기록을 남겼다. 역시 김태호 피디라는 말이 나옴직하다. 예능프로그램 하나에 큰 의미를 두는 듯하지만, 필자는 개인적으로 무한도전 '토토가'는 386/486세대와 이별하고 90년대 학번, X세대가 우리 사회의 주역으로 본격적으로 등장하는 하나의 마일스톤적 사건으로 본다. 여전히 386/486세대가 정치, 경제적인 주역으로 활동을 하고 있지만 이제 은퇴를 하기 시작했다. 7080으로 표현되었던 세대의 퇴장은 90학번 세대의 출현을 의미하며, 이는 다른 가치를 가진 세대에 의해 우리 사회가 변할 수 있다는 가능성을 암시한다. 이를 무한도전은 우연인지 모르지만 너무나 예리하게 잡아내었다고 본다. 새로운 시대의 출발을 알리는 식전행사 역할을 '토토가'가 했다는 것이다. 새로운 주역 세대의 등장은 문화의 변화, 패러다임의 변화를 몰고 올 것이다. 이는 우리 사회의 정치, 경제, 교육 등에 영향을 미칠 것이다. 지금껏 숨죽여 왔던 새로운 세대가 큰 목소리를 낼 것이다. 사회는 물리학처럼 시대불변의 법칙에 의해 돌아가는 것도, 해석될 수 있는 것도 아니다. 근대사회는 개인이라는 시민들의 자유로운 정신, 행동의 결과들이 만들어 내는 문화에 의해서만 특징지어지기 때문이다. 시대정신이 곧 문화의 기반이 된다. 이를 자본주의 사회에서는 문화자본이라고 한다. 문화자본의 성격이 바뀔 것이다. 이제 우리 사회는 새로운 주역 세대의 등장으로 변할 것이고, 또 변해야 한다. 새로운 세대에 의해 만들어지는 문화자본들은 지금 시대가 안고 있는 문제들과 만나 새로운 역사를 써 갈 것이다. 어떤 모습일지 예측하기 쉽지 않지만 우리는 그들에게 기대어야 한다. 그들이 지금은 주역이기 때문이다. 이제 본격적으로 주역으로부터 물러가기 시작하는 386/486세대, 7080세대의 '명'과 '암'이 있었고, 한때는 역사를 흔들기도 했지만, 나이가 들어 주연에서 조연으로 역할이 바뀌는 것은 자연스러운 것이다. 젊음을 유지하는 것이 아름다운 것이 아니라 나이에 맞는 연기를 하는 연기자가 멋있게 느껴지는 것과 같은 이유이다. 잠시 그 젊음을 겉으로 유지할 수 있지만 그리 오래 가기 힘들다. 이전 세대가 하지 못했던 아름다운 조연 역할을 386/486, 7080세대는 멋있게 할 수 있기를 기대한다. 멋있는 조연이 있을 때 화려한 주연이 그 역할을 할 수 있기 때문이다. '토토가'를 보면서 함께 눈물 글썽였던 386/486세대와 90학번, X세대의 멋진 합작을 기대한다.

21. 통일 조국을 위하여

요즘 심심찮게 통일대박이라는 말이 들리고 사람들의 모임에서도 통일이 되면 경기가 풀리고 일자리도 많이 생길 것이라는 얘기를 듣는다. 지금 우리가 지니고 있는 기술로 북한에 가서 도로, 학교, 아파트 주택, 사회기반시설들을 건설하고, 우리가 가진 이동통신망을 설치하고, 중앙집중식 상하수도 시설을 만들겠다는 것이다. 세상을 단순하고 편리하게 생각하는 방식이다. 내가 가진 것을 남에게 주고 싶을 때 여러분은 어떤 것을 남에게 주시는지? 내가 가진 소중한 것을 남에게 줄 때만이 받는 사람과 한 마음이 될 수 있다. 내가 사용해보았는데 좋지 않아서 혹은 필요가 없어 이를 남에게 준다면 받는 사람도 기쁜 마음으로 받기 어렵다. 또한 나에게 소중한 것을 남에게 줄 때에도, 나에게는 소중하고 귀한 것이지만 이를 받게 되는 사람도 과연 이것을 좋아할까 고민해 보아야 한다. 우리가 살고 있는 소위 경제적으로 잘 사는 세상으로 통일 후 북한에서도 건설한다면 통일 조국이 행복한 나라가 될 수 있을지는 그 누구도 짐작하기 힘들다. 그렇기 때문에 인문학적, 공학적 상상력을 발휘해서 통일된 조국의 세상(the World)을 지금과는 조금은 다르게 생각하고 상상하고 머리와 마음속에서 만들어보아야 한다. 하늘이 우리에게 주신 우리 조국을 만들어낼 수 있는 기회로 만들어야 한다. 상상력 없이 경제를 살리기 위해 우리의 모습을 확장하여 만들 수 있는 단순한 역사적 사업이 아니기 때문이다. 새로운 통일 국가를 만드는 사업은 대박났다는 식으로 표현될 그런 사업이 아니라, 사업을 통해 인간이 사는 도시와 국가가 만들어지고 그동안 적지 않게 갈라졌던 남북한 문화의 차이, 생각의 차이, 가치의 차이들을 확인하고 이해하면서 새로운 가치로 변화하는 과정이어야 한다. 유학에서는 사업을 통해 한 인간이 완성된다고 하지 않았던가. 통일 사업은 국가의 완성이고, 우리 민족이 그동안 겪어왔던 아픔을 치유하는 과정이며, 세계역사 속 주역으로 우뚝 서기 위한 수양의 과정임을 잊어서는 안 된다. 그 긴 사업의 역사 속에서 전문가, 지식인으로서의 역할이 무엇이고 우리가 그리는 세상은 무엇인지 지금부터 미리 고민해야 한다. 그리고 머릿속에, 마음속에, 그 세상을 그리고 이를 주위와 공유해야 한다. 분단의 아픔은 눈물이 되고, 눈물은 상처를 치유하는 약이 된다. 치유된 마음은 다시 건강해진 몸을 만들고 그 몸만이 역사를 바로 세울 수 있기 때문이다.

질문

통일을 대비하는 각자의 일을 한 가지 생각해서 이를 토의해 보세요.

맺는 글

나 자신에게 없는 것은 아무리 훌륭한 말, 업적, 아름다운 자연이라도 나에게 들어오지 않는다는 괴테의 가르침을 되새겨 보았으면 한다. 해안가 거친 파도에 노란색을 입힌 화가의 마음에는 파도의 노란색이 있는 것이다. 시간의 상대성이 마음속에 없었다면 아인슈타인은 특수상대성 이론을 만들어내지 못했을 것이다. 우리 주위에 고통 받는 사람이 있을 때 가장 자연스러운 것은 그 분들의 고통이 우리에게도 있다는 것을 깨닫는 것이다. 과학과 인간의 마음이 다르지 않다는 토론도 책 속에서 인터스텔라 영화를 이용하여 얘기하였다. 논어에서 그토록 '인(仁, 두 사람이 만나면 자연스럽게 생기는 사람의 마음)'을 강조한 것은 인간성의 중요성을 말하는 동시에 과학적 연구의 기본을 제공하기도 한다. 이를 우리는 책 내내 토론하였다. 우리 자신의 내부에 위대한 모든 것이 이미 있다는 믿음이 가장 중요한 출발점이다. 이 믿음은 우리 자신이 아닌 그 누구도 가지게 해줄 수 없다. 우리 자신만이 할 수 있는 일이다. 남이 만들어 주는 것이 명성이라면, 우리가 만들고 지키는 것은 명예이다. 명예는 우리 자신이 만들지만 만만하게 보아서는 안 되며, 한 번 잃으면 다시는 회복되지 않는 예민한 것이기도 한다. 과학을 하든지, 예술을 하든지 어떤 것을 하더라도 이루려고 하는 것은 우리 내부에 있을 때만이 비로소 가능하다. 대상을 관찰하고 분석, 사유할 때, 우리 자신(즉, 주체)을 이와 분리할 때 우선은 효율적으로 쉽게 결과가 나오는 듯하지만 이내 큰 벽에 가로막히고 만다. 대상을 과학적으로, 예술적으로 받아들이는 우리(주체)는 우주의 긴 시간 속에서 보면 원래 하나의 출발점(비어있는 공간, 빅뱅 이전의 한 점)을 공유하기 때문이다. 이것이 괴테가 그토록 강조한 것이며, 니체가 초인을 통해 말하고자 했던 것이고, 아인슈타인의 시공 개념이기도 한다.

위대한 업적은 과거의 위대한 업적을 공부하고 받아들인다고 이루어지는 것이 아니다. 라투르는 세상의 모든 확고하고 위대한 업적, 지식(즉, 블랙박스 지식)을 깨는 것으로부터 연구를 시작하라고 하였다. 기존 지식을 깨는 것은 부정하는 것이 아니라 그 지식을 얻기 위해 시작했던 노력의 출발 시점으로 돌아가는 것이다. 그 출발 시점에 그 지식이 필요했던 간절함이 있기 때문이다. 뉴턴의 간절함, 아인슈타인의 간절함이 무엇이었는지 아는 것이 중요한다. 괴테는 위대한 업적을 이루기 위해서는 '위대한 유산'이 필요하다고 하였다. 괴테의 위대한 유산은 뉴턴이었다. 과학에 대한 뉴턴의 오류를 바로 잡아주겠다는 절실함, 그것이 괴테의 모든 활동의 원동력이고 힘이었다는 것이다. 이 시대를 사는 우리에게 전해오는 그 무엇이 있는 대목이다. 학생으로서, 직장인으로서, 과학자로서, 정치인으로서, 농부로서, 가정주부로서 현재 우리에게 가장 절실한 것은 무엇일까? 우리가 용기를 내지 못하고 이 세상을 살아가는 것이 힘든 이유는 괴테와 같은 간절한 그 무엇이 우리에게 없기 때문은 아닐까? 최소한 필자에게는 그렇다. 어두운 이 시기에 필자는 기후변화, 이것을 잡고 우선 간절함을 찾아보았고, 그 기록을 남긴다.

조재원

- 전) 광주과학기술원 환경공학부 교수
  연세대학교 사회환경시스템 공학부 교수
- 현) 세계물학회 WST저널 편집위원장
  코페르니쿠스 국제저널 음용수과학(DWES) 편집위원장
  유니스트(UNIST) 도시환경공학부 교수

기후변화 인문학 정가 12,000원

인 쇄 2015년 3월 2일 초판 1쇄
발 행 2015년 3월 10일 초판 1쇄
저 자 조재원
발행인 정우용
발행처 도서출판 **동화기술**
경기도 파주시 광인사길 201(문발동, 파주출판도시)
Tel (031)955-4211~6 donghwae@kornet.net
Fax (031)955-4217 www.donghwapub.co.kr
(등록) 1977년 12월 19일/9-16호

ISBN 978-89-425-1960-6